象征视角下的幼儿心理建设

张海燕◎著

中国纺织出版社有限公司

图书在版编目（CIP）数据

象征视角下的幼儿心理建设 / 张海燕著 . -- 北京：中国纺织出版社有限公司，2022.1

ISBN 978-7-5180-8649-8

Ⅰ. ①象… Ⅱ. ①张… Ⅲ. ①学前儿童—心理健康—健康教育 Ⅳ. ① B844.12

中国版本图书馆 CIP 数据核字（2021）第 262796 号

责任编辑：邢雅鑫　　责任校对：高　涵　　责任印制：储志伟

中国纺织出版社有限公司出版发行

地址：北京市朝阳区百子湾东里 A407 号楼　邮政编码：100124

销售电话：010—67004422　传真：010—87155801

http://www.c-textilep.com

中国纺织出版社天猫旗舰店

官方微博 http://weibo.com/2119887771

北京通天印刷有限责任公司印刷　各地新华书店经销

2022 年 1 月第 1 版第 1 次印刷

开本：710×1000　1/16　印张：11.75

字数：189 千字　定价：68.00 元

前言

这是一本关于幼儿心理建设的书，它探索如何以象征视角来观察幼儿的心理建设过程。

您一定会问：什么是幼儿心理建设？在心理层面上幼儿要建设什么？幼儿需要建设一个“我”，或者说幼儿需要建设一个以自我觉察为核心的稳定的人格基础。

您一定会接着问：什么是象征视角？一个词语或画面，当它的含义不仅仅是当下具体所指时就是象征，当它有一种永远不能被准确定义，或充分解释的层面时就是象征。象征视角就是用象征的方式去观察。

刚刚提到幼儿要建设一个“我”，什么是“我”呢？作为人称代词，每个人都可以用“我”来指代自己，也可以用它来指代自己当下的每个部分。可是它具体指什么？却谁也说不出来。

“我”作为部分，难以被指认；作为整体，却能被感受到。“我”具有不能被准确定义和充分解释的层面，它是一种象征性表达。幼儿能够使用“我”这个词，不仅标志着他们拥有了对自我的觉察，也标志着他们拥有了象征功能。幼儿已经具备象征功能，如果我们不具备象征视角，他们内在人格的建设过程，我们一定是看不懂的。

这里的人格，并不是通常所指的“人品”，它并不带有道德评价的色彩。人格包括两部分，一部分是先天神经系统的反应速度与强度，比如有的孩子快一些、有的孩子慢一些。另一部分是在后天养育互动中形成的关系模式，比如有的孩子黏人一些、有的孩子疏离一些。人格作为先天与后天的集合体，让个体在待人接物中、在与“他人”的关系中，呈现出“我”的特色。

本书作者是一位心理学教师，也是一位心理咨询师。这本书最初的写作缘由，来自作者多年来一直进行的校园欺凌干预研究。在校园欺凌现象中，被关注最多的是欺凌者和被欺凌者，他们往往有着同样的困境：性格的不完善、家庭背景中的暴力因素、人际关系角色的固化……欺凌者往往有较高的虚假自尊、行为冲动易激惹，而被欺凌者往往有自卑退缩的特点。家庭中成人暴力者对儿童的欺凌，使得孩子可能去模仿因而成为施暴者，也可能处于被欺凌的位置难以反抗。欺凌者与被欺凌者，都难以建立健康平等的人际关系。

欺凌者与被欺凌者同样需要帮助，帮助他们建构健康的人格，改善他们的内在困境才是长久之计。欺凌行为在小学阶段就可以看到，进入中学后，欺凌行为所导致的危害，会因为欺凌者力量的加强而增强，欺凌者与被欺凌者的行为模式也会更加难以改变。对此，作者有一种深深的无力感，它使作者不得不将关注的目光，放在个体人格形成的早期阶段，放在影响人格形成的早期人际关系互动中。

中国古语有云：“三岁看大、七岁看老”，七岁之前是人格形成的重要阶段。民俗中通常使用虚岁计算年龄，将胎儿在母腹中的时间也计算进来的话，这里的七岁也可以理解为六周岁。在目前的教育体系中，这个时段包含三岁之前的家庭养育阶段，以及三至六岁的幼儿园教育阶段。应该说，这两个阶段的幼儿养育者和教育者，是幼儿主要的人际互动对象，肩负着培养幼儿良好人格基础的重任。

作者非常希望妈妈、爸爸、爷爷奶奶、外公外婆，或者幼儿教师，或者对自己感兴趣的人，能读到这本书。因为在象征视角下，幼儿的内在世界既绚丽多彩又神秘莫测，成人与幼儿之间的互动情景也非常复杂。当成人面对幼儿时，他不仅是个大人，也可能是个“幼儿”，因为他自己的幼儿体验可能被激活，而他自己对此却没有察觉。当成人面对幼儿时，他甚至可能是“自己的爸爸或妈妈”，因为他可能直接启用父母曾经对待自己的方式，用这种方式来对待幼儿，不管他自己对这种方式是喜欢还是讨厌。

幼儿时期所建构的应对世界的心理模式，是个体童年、少年、青年、中年甚至老年生活的基础。个体正是依据这个早期框架，展开自己整个生命历程。幼儿如何建设一个“我”？在心理世界中“我”与“他人”如何共存？书中对此既有理论探讨，也有案例分析。案例中的故事，有的源于作者的生活，有的源于作者的工作，为保护隐私，涉及个体的故事都做了必要的信息隐匿处理。此外，故事及图片的使用均获得了授权。

本书分为两部分。第一部分阐述了幼儿心理活动的发生发展过程，其中包括三个主题，分别为心理活动及其象征性，旨在理解个体早期心理活动发生的整体过程，及其象征性表达方式；心理活动的发展阶段，旨在理解个体心理活动，在不同阶段面临的核心冲突及发展任务；生命早期的重要议题，旨在理解个体在早期人际互动中，感受到的重要内在体验，及其对个体未来生活的影响。第二部分呈现了四个创伤疗愈的案例分析，帮助我们理解在象征层面上，对成人创伤所进行的疗愈工作，以及对困境幼儿所实施的心理帮助。在以上两部分内容之后，附加了一份预防欺凌行为的研究报告，这份报告对校园欺凌行为的发生原因，以及如何进行预防性的干预做了讨论。

虽然写作此书的念头源于对欺凌者与被欺凌者早期人际关系的关注，但最终的落点却是幼儿的心理建设，当然此书的读者不会是那些可爱的幼儿，而是肩负重任的幼儿养育者和教育者。德国著名哲学家雅斯贝尔斯在《什么是教育》中写道："教育的本质意味着，一棵树摇动另一棵树，一朵云推动另一朵云，一个灵魂唤醒另一个灵魂。"希望幼儿教养者能够借由此书回望自己的早期生命画卷，也希望幼儿养育者和教育者，能够成为影响幼儿的那棵树、那朵云和那个灵魂。

本书内容是山西省哲学社会科学规划课题"校园欺凌现象预防与文明校园建设研究"（2018B117）的研究成果。谨以此书献给所有幼儿，献给所有幼儿养育者与教育者。

作者

2021 年 10 月

目录

第一章

早期心理活动及其象征性

幼儿怎么建构自己的心理世界？这似乎是一个秘密。因为没有幼儿能告知我们这一切，而成人对于自己的幼儿生活，一方面很难意识到它的重要性，另一方面在记忆中它已然变得模糊不清。

唯有观察，才得真实。我们常说了解一个人要“听其言、观其行”。观察一个人的言行，或者观察其言行的一致性，就可以判断出这个人的基本特点。西方心理学多出了一个情感观察视角，把人的心理活动分为认知、情感和意志，分别对应于我们的观念系统（言）、情感体验和外部行为（行）。

对婴幼儿的观察与成人有很大不同。一方面婴幼儿难以形成固定成熟的观念体系、情绪模式及行为方式；另一方面婴幼儿阶段时间跨度不大，但他们感知能力和探索领域的变化却称得上“日新月异”，所以观察更容易集中在这些外在变化上，对其内在心理感受的关注往往不足；此外婴幼儿感知能力的变化，遵循着人类遗传密码的发展顺序，有着不可动摇的节奏与趋势，会在特定的阶段勃然而出，所以观察更容易集中在所有个体都遵循的发展规律上，对个体发展的特殊性也会关注不足。

婴幼儿心理世界的构建、自我意识的形成、完善人格的建设，其根基主要在于母婴之间的互动。如果婴儿是由其他重要养育者抚养，“母亲”也指代其他重要养育者。无法获得婴幼儿关于这些话题的表述，我们只能先将接下来的讨论作为一种假设。但这些假设并非单纯的主观臆想，它们是在观察的基础上建立起来的。并且基于这些假设所展开的对个体困境的理解，以及所实施的帮助，也将在后面的章节中呈现。

身体·心理·灵魂

个体的婴幼儿生活，与其成人生活有着千丝万缕的联系。婴幼儿与成人原本就是一个身体的两个不同生理阶段，此外生命早期心理模式是成年生活的基础，而且从出生直至迟暮，个体始终面临着同样宏大的关于生命意义的叩问。基于此，我首先把心理放在一个更大的背景下去讨论，我想先谈谈身体、心理与灵魂。

前文曾引用雅斯贝尔斯的观点："教育的本质意味着，一棵树摇动另一棵树，一朵云推动另一朵云，一个灵魂唤醒另一个灵魂。"人作为一个独立生命，存在的基础是拥有一个独立的身体。所有心理现象和灵魂体验，都发生在身体这一物质基础之上。身体是稳定的、可视的、物质化的载体，如同稳稳地扎根于土壤之中的大树。关于心理活动，那些纷繁念头和情绪变化，飘忽不定、起起伏伏，来来往往，恰似天空中到处游弋的云彩。对于灵魂这个话题，我们很难明确界定它的含义，但它具有独特性和普世性的特点，人人可以提及却又人人体验不同。我想用风来比喻灵魂，一阵风吹过，我们能够感受它的存在，却难于捕捉它的形体。只有被风拂动过的人，可以向另一个被风拂动过的人去谈论它，但谈论的却不是风本身，而是自己被风儿拂动的感受。

另一个话题也与心理密切相关，那就是物质与精神。人类心理现象具有主观性，但离不开人类大脑这一物质基础，也离不开环境中人或物的刺激信息。心理活动的起点是感官的"感觉"，这个概念既属于心理学，也属于生理学。毫无疑问，心理与身体联系密切，心理需要身体提供物质层面的支持。人类心理现象具有主观性，但它不是对内外刺激的简单反应。几乎每个人在某一时刻，都会思考"我是谁"。这样的发问跨越时空，是一个考验人类逻辑思考和价值判断的灵魂之问，因此心理活动必然涉及精神层面的探索。就身体、心理、灵魂发生发展的顺序而言，我更倾向于认为三者是同步的。在物质和精神之间，或者说在身体和灵魂之间，心理架构了一个空间，让三者有了彼此交融的机会。

外部世界的刺激，无论是具体实物带来的物理刺激，还是人际关系带来的互动刺激，都会作用于个体的身体感官，产生对刺激物的感知，促使个体产生相应的心理活动。面对外界刺激，动物也会出现感官反应和心理活动。但与动物不同，人类个体可以将"自己"作为观察对象来感知，追寻个体生命的意义，这种追寻是人类个体特有的关于灵魂的追寻。人类心理在身体和灵魂之间架构了交融空间，也架构了桥梁，在特定的情况下三者之间可以借助彼此进行表达。

1954年，加拿大麦吉尔大学心理学家贝克斯腾等三位学者，以每天20美元的报酬（当时时薪50美分），招募大学生进行“感觉剥夺”实验。实验中被试被单独安置于一个特殊的、隔离了所有刺激的实验环境中。除了吃饭和排便外被试只能躺在床上，眼睛戴上护目镜，手臂带上袖套和手套，腿脚用夹板固定，调节器发出单调声音，温度恒温。一开始被试还觉得非常有趣，没过多久就感到情绪紧张，很难坚持下去。有的被试待了几个小时，坚持最久的被试待了两天多。事后被试报告说，他们的记忆力、判断力均有所下降，有的甚至出现幻觉，几天后仍有难以集中注意力和难以流畅思维的表现。

这个实验中，被试失去外界物理刺激、失去正常身体感觉后，其正常心理活动受到了影响，记忆力和判断力都有所下降。但身体感觉如果被长时间剥夺的话，被试的心理并不会继续下降以至于停止工作，而是出现了幻觉以保持心理功能的运作。在这里我们可以看到物质刺激与精神活动在人类个体心理中的衔接与转换。

因为不存在与之相对应的真实感知对象，幻觉通常被我们认为是异常精神现象。灵魂有着与幻觉相似的不真实性，我们也找不到灵魂的感知实体，但没有人会认为谈论灵魂是异常的，因为灵魂的感知对象正是我们自己生命的意义。

幻觉通常出现在外界人或物的刺激过于匮乏，或者过于充斥以至于超出个体承载能力的情况下，它是心理活动为了维持正常运转所做出的被动应对。而灵魂关于个体生命意义的追寻，恰恰是个体在心理平衡协调基础上的主动探索。

那么心理如何维持自身的正常运转？如何维持自身的平衡与协调？

意识与无意识

心理活动的核心功能是觉察，觉察也被称为意识。依据观察对象是否被清晰觉察，可以判断其处于意识水平还是无意识水平。可以觉察到的内容处在意识水平，这些内容通常可以用语言表述出来。那些始终不能觉察的内容，或者当下不能觉察、过后可以觉察到的内容，或者当下有隐约的觉察，但难以用语言表述的内容，都处于无意识水平。

事物在我们的心理世界中，处于意识水平还是无意识水平，并不是一个绝对的划分。就像大海中的冰山，露出海平面的冰山一角，是我们可以意识到的部分，巨大的冰山实体隐没于海平面之下，那是我们意识不到的部分。海水荡漾，海平面起伏，冰山的某些部分随之时隐时现，如果海上起了巨大的风浪，冰山将呈现出更多不为人知的样貌。

身体似乎是最为意识化的，因为身体看得见摸得着，自己和他人的体貌动作都可以描述，但身体的内部运作恰恰是我们最不熟悉的，内脏、腺体与神经系统的活动几乎都处于无法觉察的状态。心理活动虽不可直接目睹，但我们能觉察与内外信息互动过程中，自己所产生的思绪和情感，当然也有大量自动化的核心信念与隐秘的情绪体验，藏匿在无意识之中。灵魂是对生命意义的审视与接纳，它既需要借助身心功能完成体验，又能够进一步完善身心功能。灵魂似乎处于每个人无意识之中，需要个体艰难地求索，才能使之在意识中浮现。

个体是一个整合状态，既是无意识内容与意识内容，也是身体、心理与灵魂的整合状态。觉察作为心理的核心功能，不但觉察着个体身心灵内部的无意识内容，而且觉察着同样处于无意识水平的三者之间发生的转换。被觉察的对象从无意识水平，通过象征性表达上升至意识水平，因此觉察过程是解读象征性表达的过程，也是无意识内容意识化的过程。

我们觉察着由身体、心理与灵魂构建的自己，也觉察着自己之外的整个世界。人类心理的意识觉察功能，可以通过象征性的方式，将外部世界与内在世界连接在一起。著名瑞士心理学家荣格说："世界悬于一线，那根线就是人的心灵。"拥有三千年历史的希腊圣城德尔菲神殿石柱上，刻着的箴言"认识你自己"，也在表示人类意识的终极目标正是"自己"。

孟子曰："尽其心者，知其性也；知其性，则知天也。"庄子曰："天地与我并生，而万物与我为一。"他们的言辞中，也包含着中国传统文化中的"天人合一"思想，我们对自己的觉察和对外部世界的觉察最终将合二为一。

小欣现在就读大一，她认为自己没有心理和睡眠问题，只是身体不舒服，自己什么也不能干，连走路、吃饭、说话都难受。具体而言，背疼、头疼、双耳持续性耳鸣、掉头发、眼干涩……六年间父母带小欣在医院做了各项检查，都没有发现生理指标的异常和器质性病变。这些情况最早在小欣中考结束后出现，当时小欣很开心自己考上了当地最好的高中，但上高中后就开始出现各种身体反应。小欣不认为自己有什么心理上的困扰，但同时感觉自己快崩溃了。

小欣的身体不适已经持续六年时间，她没有考虑过心理层面的紊乱，只是认为自己身体健康出现问题，小欣父母也是这样认为的。小欣和父母都没有意识到，小欣在学业上一直承受了很大的心理压力，这些压力没有得到心理层面的疏解，进入高中阶段后，压力开始以身体症状表达出来。

李佳和丈夫的感情很好，丈夫工作中出差的情况并不多，但丈夫每次出差时他们总会吵一架。吵架的起因都是些琐碎小事，每次都是李佳率先发难，表现出对丈夫的极大不满。事后李佳很奇怪，自己怎么会有那么大的脾气？

直到有一天，李佳突然想起往事，瞬间明白了自己。李佳在家排行最小，也是唯一的女孩，她和父亲感情深厚。父亲是位乡村教师，工作时住在学校，休息那天才能回来。父亲返校时李佳都会去村口送父亲，离别的忧伤是她幼时非常熟悉的气息，那时她很懂事，从不哭闹。长大之后，多年在外读书工作，李佳已经习惯了离别，那些忧伤似乎也已经逝去。

丈夫出差所带来的分离，唤醒了童年的感受，但这些感受还没有被清晰地觉察到，于是只有一种莫名的焦躁在蔓延……

生活中这样的情况非常多，在心理活动中，同一时期的不同内容之间，或者不同时期的相关内容之间，丧失了必要的联系，因此某些内容或者某些联系就隐匿在无意识之中了。

在中国古代农村，一个地方遇到严重干旱，于是派人请来“求雨者”。求雨者发现整个村子混乱不堪，牲畜濒临渴死，农作物枯萎，人们个个浮躁不安。

求雨者说，请在村头给我一间茅屋，还有三天时间，任何人都不要打搅我。求雨者进了小屋，村民们只能等待。第四天早晨，天果然开始下雨。求雨者从茅屋出来，村民们不约而同地问：“你是如何办到的？”他说：“我什么也没有做。”

村民们说：“这怎么可能呢！”求雨者说：“我本来已习惯于风调雨顺、自然和谐的生活。当我来到这里，感到混乱与不安，而我也受到影响，心神不定。我又能做什么呢？我需要一个安静处所来调整身心，恢复和谐。当我恢复自然与和谐时，雨也就回来了。”

干旱需要自然的雨水来滋养，人心及生活的混乱无序也需要顺应自然的和谐。这个中国古代的小故事，讲述了外在物质世界与内在心灵世界之间的感应，用隐喻的方式表达了中国文化所蕴含的“天人合一”的境界。

婴儿的主体性感受

人类意识的终极目标是人类“自己”，个体人格的核心是对个体自我的觉察。初生的婴儿，身心浑然一体，全部沉浸在无意识之中。意识的觉察之光在什么时刻开启？婴儿又是怎样觉察到“自己”的存在？

自己的行为能够引起物体移动或者他人反应，当个体能够预测这些的时候，个体与物体或他人之间就有了区分，个体的自我意识就产生了。一般情况下，我们会认为，每个人身上都存在一个稳定的“我”，是这个“我”在对外界事物进行觉察，同时觉察也会指向“我”的内部。因此个体知道自己在当下的所思所想和所作所为，也知道自己如何对外界产生影响，或者外界在怎样影响着自己。

通常研究者所认为的自我意识建立标志，是能够用人称代词“我”来称呼自己，但幼儿至少在两岁以后才可以做到这一点。在学会使用代词“我”之前，婴幼儿已经作为一个“主体”而存在。在婴幼儿自我意识形成过程中，“我”的建构是一个“主体”性感受逐渐聚集并整合的过程。

标题中使用“主体性感受”，是为了对生命最早期的婴儿“主体”展开讨论。婴儿是指一岁之内的幼儿，他们还不能使用语言。更早一些的话，六个月之前的婴儿，他们还不能保持稳定独立的坐姿，他们又是怎样感受“自己”的？“主体”在这里可以理解为主人，主人可以行使控制身体、评价感受以及发起行动的权力。对于婴儿而言，他们的“主体性感受”是怎样的呢？

基于这一问题的观察主要来自两个方面，一方面心理学研究者进行了大量的婴儿观察，观察婴儿与母亲之间的真实互动，借以推测婴儿自我意识的发展。另一方面，心理临床工作者也在成年人身上观察到了大量退行行为，这些行为有的退行至幼儿阶段，有的甚至退行至婴儿阶段。此时的成年人可以用语言来描述自己的感受，使得研究者有机会对类似婴幼儿阶段的主体性感受有所推测。

我们先来看看关于自我意识萌芽与建立的研究：研究者向三个月的婴儿播放录像，录像中婴儿与其他小朋友在一起，观察发现婴儿对同伴注视时间更长，似乎 3 个月大的婴儿，就能够将自己与他人区分开来。还有一个著名的“点红”实验，实验者在 88 名 3 至 24 个月大的婴幼儿鼻子上点一个红点，然后观察他们照镜子时的反应。研究者发现，年龄小的婴儿会不理睬镜子或直接去摸镜子，好像这个红点和他一点关系都没有，但 15 个月大的幼儿会去摸自己的鼻子，说明这个年龄的幼儿已经有了对自己独特形象的意识。

通过观察婴幼儿外部行为来了解其自我意识的发展，并不能了解其产生与发展的内在推动力，以及丰富的体验性内容。这些与自我意识有关的丰富体验即主体性感受，它们是形成早期人格的极为重要的基础内容。人格作为个体先天神经系统反应模式与后天人际关系互动模式的集合体，从婴儿一出生便开始逐步形成，“主体”性感受作为“我”的前身，是形成人格的基础内核。

感受离不开感觉的发展，成年人主要通过视觉和听觉来感受外界信息，其中视觉信息占到信息来源的百分之八十左右。但新生儿和婴儿的视觉系统，包括眼睛和视神经系统，还没有完全发育和成熟。他们能看到东西，但由于晶状体不能变形，他们所看到的东西比成人模糊，视神经和其他皮层细胞传递信息的通路，需要几年才能发育到成人水平。胎儿出生前就有了听觉能力，新生儿已能对某些声音做出反应，但明显的集中性听觉在三个月时才能表现出来。

味觉、触觉和嗅觉在胎儿时期已经得到很好的发育，它们对于维持婴儿的生命具有直接的生物学意义。新生儿出生两小时就能够辨别甜、咸、苦、酸等不同的味道，并且对甜的喜爱胜过咸。吮吸甜的流体能使婴儿从哭泣中平静，这时他们的吮吸速度和吮吸量都比平静时大。婴儿对物品的探索，最早通过口腔触觉完成，口腔触觉作为探索手段早于手的触觉。成人与婴儿进行触觉互动，可以对婴儿进行有效的安抚，把手放在婴儿胸部轻轻抚摸，就可以让他们的哭泣平息下来。嗅觉对婴儿也相当重要，他们靠气味同母亲产生联系，通过气味来辨认母亲。

当然，最为重要的还是腹中饥饿感的满足。母亲的哺乳行为是婴儿存活的基础，也给婴儿内脏器官、触觉、味觉与嗅觉带来了丰富的刺激体验。和母亲的互动中，婴儿的“主体”性感受是怎样的？或者说婴儿怎么区分哪些感受是自己的？哪些感受是别人的？

最直接的感受源自身体的内在需求。婴儿在自己非常长的睡眠时间里，与外界互动很少，但身体感觉饿了、冷了、热了、湿了、被束缚了……的时候，婴儿会醒过来或者发出哭声。身体需求具有自发的节律，婴儿对身体需求是否被满足的主观体验，也具有自发性。需求得到满足婴儿会体验到舒适，需求不被满足婴儿会体验到不适。婴儿的舒适与不适体验，也意味着躯体的放松与紧张，直接导致了是否愉悦的情绪体验，以及好坏与否的主观评价。身体需求有节律地持续存在，身体需求能否被满足带给婴儿的主观体验也在不断清晰与加强。可以说，婴儿最早从躯体反应中感受到了情绪。

婴儿因为身体饿了、冷了、热了、湿了、被束缚了等感觉而醒过来或者发出哭声，随即这些不适都及时得到了缓解，口腔吮吸就有奶水，体感冷热变得适宜，湿的感觉变成了干爽，紧的束缚被松开……似乎一切需求在被感受到之后就可以得到满足，似乎自己的需求本身就可以实施控制，控制那些可以满足需求的东西来到身边。需求与满足之间的关系可以被预测，意味着拥有了控制感，只不过这时候婴儿的控制感，是一种全能控制，好像他控制着一切，可以做到“心想事成”。

母亲无论怎样周到，也难以随时随地恰如其分地满足婴儿的需求。需求不能被满足，身体就会一直处于紧张状态。饿了如果一直没有奶水，饿的感受就会一直存在并紧紧占据首要位置。对婴儿来说，这是一种难以承受的极端不良体验，因为饥饿通常意味着生命存续受到了威胁。饥饿被满足或不被满足，使得婴儿体验到关乎生死的极端感受，也使得婴儿对感受的主观评价出现两极分化的好坏与爱憎，呈现出非黑即白的“分裂”性。

婴儿与母亲的互动最为频繁，母亲提供食物也提供爱抚。在婴儿的全能控制感之中，母亲与食物、爱抚融为一体，都处于婴儿控制之下，甚至他们就好像是隶属于婴儿的一部分。食物可以及时送达时，婴儿得到满足产生“好”的体验，食物处于婴儿的“控制”之中。食物没有及时送达时，婴儿处于需求不满的紧张状态产生“坏”的体验，同时也产生了“不能控制”的体验。

“坏”的体验与“不能控制”的体验交织在一起，让婴儿难以承受，幻想它们如果不属于自己就好了，接下来它们似乎真的就不再属于自己了，它们属于那些被期待却不能控制的事物。于是在幻想中“坏”被投放在不能控制的外在事物上，“好”被留在内部的满足体验和全能控制体验上。婴儿的体验中出现了异于自己，且不被控制的“坏”事物，这无疑是一个非常大的进步，“异己”使得“自己”有了边界，也使得边界之内的内容可以得到进一步整合。

婴儿的全能控制感、非黑即白的分裂感、“坏”体验的向外投放，这些感受也许是我们对于婴儿的猜想，但母亲与之相对应的感受却非常真实。在哺育婴儿的过程中，母亲不得不投入巨大的精力。虽然大多数母亲对此已有心理准备，但她依然会感觉到：在婴儿出生后，事情变得应接不暇，生活变得手忙脚乱；婴儿展露的笑容让自己极其喜悦，但难以安抚的哭声又让自己极其烦躁；作为母亲，很难接受自己对孩子心生抱怨，但身心俱疲之下也会对婴儿暗自怨恨。

如果母亲有很好的容纳能力，婴儿将会比较顺利地成为体验主体。母亲容纳婴儿对自己原有生活的全面侵入，就是在容纳婴儿需求对自己的全面控制；母亲容纳婴儿的笑容并不是有意冲着自己展露，就是在容纳婴儿处于本能中舒适的“好”状态；母亲容纳婴儿难以安抚的哭声、对乳头的啃咬……就是在容纳婴儿投放出来的对“坏”事物的愤怒。母亲的容纳，使“主体”所需要具备的控制感、评价感与行动力，在婴儿身上可以共存并得到整合，婴儿因此也可以作为“主体”来拥有这些感受。

大多数母亲都会以自然的状态养育孩子，满足婴儿需求的同时避免自己被完全耗竭。婴儿的自然状态也意味着：需求在大多数情形下会得到及时满足，但有时候也会被迫等待。自然状态下，母亲的自我意识是稳定的，婴儿不切实际的“主体”性感受，会遭遇各种挑战与冲突。挑战与冲突，来自婴儿与现实情景的互动，它们是婴儿主体性感受中不成熟的部分可以得到修正的机会。即使幼儿成长到可以使用人称代词“我”，由外界带来的挑战与冲突也在继续推动其自我意识趋向成熟。

如果母亲过度关注婴儿，或者情绪本来就容易焦虑，或者身心精力不济，就会感觉似乎丧失了控制感，自己似乎被婴儿的需求所吞没。这种状况如果长期持续，母亲可能将在某一刻，把自己所有的不适都归结于婴儿。这种情况恰恰类似于婴儿将“坏”体验向外投放。如果母亲过于忽视婴儿，或者无视婴儿自身节律，就会认为自己主宰着婴儿的一切，难以觉察婴儿的需求。这种情况恰恰类似于婴儿所拥有的全能控制感。

无论母亲过度关注还是过度忽视，婴儿的处境都会比较困难，体验容易处于抑制或者混乱的状态，极端情况下也可能将自己的体验隔离起来，任凭自己跟随外部处境飘荡起伏。“主体”需要具备的控制感、评价感与行动力，难以得到整合，后期也很少能得到较好的进一步修正。在这两种环境中成长的婴幼儿，成年后也会呈现出更多的、类似婴幼儿的、不够成熟的主体性感受特点。

成年之后我们主要依赖视听觉进行信息采集，极为重要的触觉、味觉及嗅觉变得隐秘。与此相同，成年之后我们与外界进行交流时，大多不会表现出过分的控制行为，最初构建“主体”的全能控制、对立评价、“坏”的外投也会隐于幕后。因此，在对成人进行的观察中，我们很少能够深入其早期的主体性感受中，但这里才是个体心理发育的起点，具有巨大的探索价值。

这里有一个非常有趣的现象：婴儿在现实能力最为弱小的时候，自以为拥有最为强大的力量；伴随年龄的增长，成年个体拥有了强大的现实能力，却面临着对自我认知的不断修正。

小罗是个女孩子，现在就读大学一年级。小罗妈妈是一位特别善于交际的人，她与小罗小学、初中以及高中阶段的老师都很熟络。为了给女儿创造好的人际环境，妈妈费尽了心机。虽然妈妈刻意不将自己与老师的交往告诉小罗，小罗也没有感受到老师对自己有什么特殊之处，但妈妈言辞之间对小罗学校生活的笃定感与控制感，还是让小罗感觉到妈妈一定做了些什么。一直以来，小罗都觉得自己不如妈妈，什么事情自己也处理不了，连自己的学校和自己之间，都一直隔着一个妈妈……

故事里的妈妈有婴儿“主体”性感受的残留。养育孩子的过程中，妈妈做的事情看起来都是为了孩子，但这些事情恰恰是孩子应该去做的事。小罗一直生活在这样的亲子关系里，妈妈无处不在，她没有单纯属于自己的空间。小罗的学习成绩很好，但内在充满了无力感。妈妈支持着她，也操控着她，同时也在贬低着她。

美国心理学会前会长哈洛曾做过著名的“恒河猴实验”。哈洛和同事们把刚出生的婴猴放进笼子中养育，婴猴和两个代母猴持续待了165天。这两个代母猴分别是用铁丝和绒布做的，在“铁丝母猴”胸前有一个可以随时提供奶水的橡皮奶头。刚开始婴猴多围着“铁丝母猴”，但没过几天，婴猴只在饥饿时才到“铁丝母猴”那里喝几口奶水，其他更多时候都是与“绒布母猴”待在一起。

这些由“绒布母猴”抚养大的猴子，回到猴群后不能和其他猴子一起玩耍，性格极其孤僻，呈现出抑郁、自闭的行为，有些甚至绝食而死。它们被迫交配后产下孩子，但它们对自己的后代忽略、虐待，甚至发生过砸碎幼猴头骨的事情。哈洛对实验做了改进，“绒布母猴”变得可以摇摆，婴猴每天也会有一个半小时和真正的猴子在一起玩耍，这样哺育大的猴子基本正常。

哈洛的实验完成于20世纪50年代，当时主流观点是母亲对孩子的意义仅在于提供食物，母亲和孩子过度的亲密会阻碍孩子的成长。哈洛的实验对主流观点造成了很大冲击，实验结果也引发了很大争议。

在哈洛与同事进行的另一个相似实验中，笼子里只有一个“母亲”，实验者让“母亲”或者喷射高压空气，或者猛烈震动，或者弹出铁丝网，或者浑身弹出尖刺，小猴子受到攻击时，只是暂时躲开“母亲”，攻击一旦停止马上就回到“母亲”身边，更加紧紧地抓住它，无论“绒布母猴”还是“铁丝母猴”都是如此。

哈洛的实验是残忍的，但他的初衷是希望通过猴子实验，证明婴儿需要社交和情感接触才能正常地发育成长。爱，特别是母亲和孩子之间的爱，是人类所必须的。

以不同模式觉察“自我”

觉察是心理的意识功能。婴幼儿的自我意识，是婴幼儿对于“自己”的觉察。婴儿、新生儿甚至胎儿，就已经拥有感知内外刺激的能力，当婴儿可以将自己与外在进行区分的时候，他们就能够感知到“自己”，或者说觉察到自己是一个“主体”。这个时间远早于幼儿对人称代词“我”的使用，“我”只是“主体”的象征性表达。

“主体”像一个主人，有控制的权力，有评价的权力，也有做出决定的权力。这些权力集于“主体”一身，而不是权力部门之间各司其职。因此主体在与外界客体进行分离过程中，也需要建立内部协调运作的整合性。健康的主体，其内部可以协调运作，在认可双方都拥有独立边界的前提下，与外部客体建立联系。

婴儿的“主体”拥有全能控制的错觉，拥有非黑即白的极端评价，也可以在幻想中，将“坏”的部分投放到外界。伴随感知能力的提高，以及与外界互动的增加，婴儿早期“主体”性感受遭遇挑战，其“主体”自身的整合性也同样遭遇挑战。挑战使婴儿与外界进一步分离，使婴儿的内在更加整合，由此婴儿早期主体性感受可以得到修正。

在讨论修正之前，我们先来看一看，婴儿早期“主体”性感受，在成人身上表现出来会是什么样子？

婴儿的全能控制是将自己与外界融为一体，并且认为自己可以控制一切。也可以说，在婴儿早期的内在主观世界里，没有他人或者他物的存在，他人与他物都是隶属于自己的一部分。在正常成人身上，我们几乎不会看到人与物不区分的情况，但自己和他人不区分的情况并不少见。把自己的意志强加于别人，一切事情都是自己说了算，完全感受不到别人的感受……即使当事人和他人生活工作在一起，也像生活在他一个人的状态里，几乎完全否认着他人的存在。

婴儿拥有非黑即白的极端评价体系，成人如果把这个评价体系用在自己和他人身上，就会出现极端评价的来回切换。一会儿觉得自己极其优秀，没有人可以比得上，一会儿又会觉得自己一无是处，比所有人都糟糕。看待他人，有好感或者关系顺畅的时候，觉得对方太完美了，是这个世界上最渊博、最善良、最友好的人，将对方置于神坛来膜拜。一旦交恶或者自己的愿望不能满足，对方又变成了这个世界上最糟糕、最邪恶、最不堪的人了。

婴儿在幻想中，将“坏”的部分投放出去。成人如果也这样操作的话，会是什么样子？把错误归于他人，对某些人而言，几乎是一种本能反应。他们认为，如果出现错误，那错误一定是别人的，自己是不会有任何错误的。生活中不能道歉的成人，表面上看起来似乎是为了避免可能遭遇的惩罚，但内在还有一层更深的恐惧，那就是“坏”的部分如果归属于自己，会令人无法忍受。因此即使是一个无关痛痒的小错误，对他们而言去承认它也无比艰难。

现实带来的挑战，如何让早期“主体”性感受脱胎换骨？

婴儿的全能控制感不断受到冲击，因为他对外界的观察与感知越多，就发现不受他控制的事物越多。无能感对全能感形成挑战，这将推动婴儿思维的产生与发展，因为婴儿不得已遵循内外世界的逻辑关系。婴儿对内在感受的评价好坏，基于是否被满足状态下的身体紧张程度的不同。伴随身体的成长以及探索领域的扩大，身体及心理感受变得极为丰富，只有好坏两个端点的评价体系已经不再适宜，这将推动婴儿情感的产生与发展。婴儿将“坏”感受向外投放，是对内部冲突张力的释放。这种操作虽然只是一种内在幻想性操作，但它可以形成婴儿对外界发起行动的驱动力。婴儿由此发起与他人或物体的现实互动，并依据所接收到的反馈，修正自己认为“坏”都属于他人或他物的错误。

在现实面前，婴儿早期“主体”性感受，受到了全方位的挑战。挑战会进一步引发婴儿强烈的内在冲突，冲突的转机发生在母亲那里。母亲至关重要，婴儿强烈且混乱的内在冲突以及情绪体验，需要有人明白，而母亲就是最理想的那个人。母亲对婴儿的关注像食物一样重要，关注让母亲可以对婴儿的情绪感同身受。母亲呼应婴儿的情绪并做出相应的表情，于是婴儿像照“镜子”一样，可以在母亲那里看到自己的情绪。

养育者的情绪能够呼应婴儿的内在体验，婴儿才能将这些体验确认下来，并将其归属于自己。同时，发生在双方互动中的不断持续的确认过程，使婴儿的内在体验不断得到整合，也使婴儿可以逐渐觉察到这种确认发生在内外之间。正是母亲的关注与回应，使婴儿可以完成与养育者的分化。分化之后，养育者既是外界实际存在的、区别于婴儿的物质实体，又是存在于婴儿主观世界的、整个外在世界的代表。

以人为镜，好的养育者是一面足够光洁的镜子。养育者可以真切地感知婴儿，婴儿就可以在养育者的脸上看到与其内在体验相似的表情。就像镜子上可能存在斑点一样，养育者有时也会带着自己的情绪体验面对婴儿。一般情况下，镜子上的小斑点不影响镜子的功能，养育者自身情绪的存在也不会影响婴儿确认其内在体验。双方确认过程中的差异，也在帮助婴儿体验内外之间的区别。双方的有效互动与彼此确认，可以帮助婴儿全面修正其早期“主体”性感受的不合理之处。

“恒河猴”实验中，早期的完全情感剥夺，使婴猴长大后出现诸多异常行为，这些行为是如何引发的呢？“感觉剥夺”实验中，被试在长时间没有外界物理刺激输入的情况下，出现了幻觉。实验中剥夺的是物理刺激，如果在早期剥夺对婴儿的情感呼应，会让婴儿内生出幻想中的呼应者作为“镜子”，以便让自己的内在体验得以确认。婴儿主要从内在幻想而不是从真实的母亲那里得到回应，这不能帮助婴儿修正其早期主体性感受。真实的母亲作为现实世界的代表，是一种物化的存在，并不具有真正的人际互动的交流功能。

与极度剥夺一样，如果养育者对婴儿极度关注，婴儿的早期主体性感受也得不到好的修正。养育者的极度关注，对于婴儿内在体验而言，是一种侵入性的占领，不但会打断婴儿内在体验的连续性与整合性，也会让婴儿以养育者的内在体验为体验内容，并对此产生“不真实感”，进而难以确认自己的体验，也难以确认自己与他人的区别。

如果养育者自身的情绪极其强烈且不稳定，那就像一面布满了很多斑点、并且斑点还会随意变换位置的镜子。这种情况下，婴儿也许将面临另一种困难，既不能依赖“幻想中的镜子”，也不能依赖布满斑点的镜子，婴儿内在体验更加难以被确认。此时婴儿不但难以在现实挑战中获益，难以有机会修正早期“主体”性感受，还会增加新的不稳定感。

上文提及婴儿以三种基本模式进一步觉察“自我”。第一种模式中，婴儿在与母亲的互动中，得到了足够的情感呼应。这种模式下，婴儿的内在体验既可以保持一种完整状态，又可以不断构建符合现实的边界，与母亲不再处于一体的状态。在彼此边界比较清晰的前提下，婴儿开始与母亲及外界建立起真正的链接。第二种模式中，婴儿被极度忽略或者被极度关注，婴儿的内在或者是分裂的，或者是不真实的，内在体验中婴儿依旧与母亲共生在一起，不能建立起边界，也不能与外部世界建立真正的链接。第三种模式中，婴儿没有稳定的参照标准，其内在整合性以及外在链接都不稳定，“不能稳定”成为这种模式的主要特征。

第一种模式正是自然状态下的养育模式，大多数母亲在母性本能的驱动之下，都会采用这种模式与婴儿互动。即使在第二种模式或第三种模式下成长的婴儿，大多数情况下也可以在现实生活中维持很好的社会适应，因为其他家庭成员对婴儿养育的参与，可以对这两种模式起到很好的代偿。此外除了人际互动，婴儿与外在物质世界的互动，也可以帮助其修正早期“主体”性感受。物体运动所遵循的规律具有更稳定的逻辑关系，婴儿可以据此区分自己与物体，区分自己可以控制什么，不可以控制什么。当然婴儿的身体感受同样也会带给婴儿稳定的回馈。

婴儿在人际互动、物体运动以及躯体体验的回馈中，以特有的模式，进行着对自己的觉察。成长中的某个时刻，婴儿突然领悟到“我”的含义，开始用“我”代表自己。“我”包含了所有婴儿都具有的不成熟的主体性感受特点，也包含了特定的婴儿个体，在与母亲互动过程中所生成的，对“自我”进行觉察的不同模式。

加拿大研究者达尔文·穆尔，设计了系列实验，来研究婴儿对人不同面部表情的反应。第一个实验中，让母亲坐在五个月大婴儿的对面，微笑着讲话唱歌，发现婴儿非常喜欢母亲的表演，同时还面带微笑地做出咿呀回应，手指放在嘴中吸吮，伴随有蹬腿动作。接下来母亲的面部表情突然停止，婴儿对着母亲微笑并发出声音，想要与母亲进行沟通。而当他无法引起母亲回应的时候，他感到很受挫。研究者认为，婴儿生气是因为在自己毫无准备的情况下，母亲就破坏了沟通的渠道。

第二个实验中，六个月的婴儿坐在电视机前，看屏幕上坐在另一个房间里的妈妈。当妈妈微笑着跟婴儿讲话时，婴儿认出了母亲，而且以微笑回应。然后突然屏幕上妈妈的图像上下颠倒，婴儿看到后停止微笑，由于无法辨认倒过来的图像是人脸，所以婴儿无法与母亲继续交流，婴儿开始坐立不安。

第三个实验中，让婴儿看事先录好的视频，上面是成人开心的声音和愉快的表情，婴儿特别高兴。当播放哀伤的面孔和声音时，婴儿变得很严肃。如果出现快乐的面孔加上哀伤的声音，婴儿感到很困惑。或者哀伤的面孔加上快乐的声音，婴儿同样很困惑，而且开始变得不感兴趣。研究者的结论是，婴儿很早就对面孔和声音的情绪表达十分敏锐，并知道面孔和声音的情绪应该吻合。

第四个实验中，母亲对着婴儿说话，婴儿凝视母亲片刻之后，母亲继续说话，但视线离开婴儿。起初婴儿试图引起母亲的注意，但母亲依旧视线看向别处，婴儿开始生气。研究人员认为，眼神接触在人类的活动中扮演着重要的角色，婴儿天生就知道，凝视是引起大人注意和维持互动关系的方法之一。

以上四个实验都证明，婴儿用面部表情、声音、目光等其他方式与养育者交流。在婴儿期，这些非语言因素在交流中发挥着非常重要的作用。养育者对婴儿的非言语信息做出回应，对婴儿的内在情绪体验的整合至关重要。

5 岁的小禹，经常向朋友们聊起自己家的小猫咪，他说小猫咪很可爱，陪伴自己长大，自己在家里最喜欢的就是小猫咪。有一次朋友们来家里玩，都说想看看那只小猫咪。小禹把小猫咪抱出来，大家都非常惊讶，原来“小猫咪”是一个小枕头。小禹刚出生时，小枕头就陪伴着他。小时候小禹枕着小枕头睡觉，长大一些后，小禹睡觉的时候总会把小枕头放在身边。小枕头上面有几条缝制的线，看上去像一个小鼻头，不知道从什么时候开始，小禹就称呼小枕头为“小猫咪”了。全家人都习惯了这个称呼，也都知道“小猫咪”是小禹的最爱。

婴儿在成长过程中，会发现或者创造出一个“过渡性客体”，它是婴儿第一个“非我”所有物，是儿童几乎无法切割的一部分。它可以是一条毯子、一块手绢、柔软的旧衣服、重复的动作或者重复的发音。它们可以让婴儿感到舒适，能对抗焦虑、寂寞，能帮助婴儿安然入睡。它们可以帮助婴儿顺利渡过一个困难时期，那就是“母亲是与我融为一体的”与“母亲是外在且分离的”之间的过渡时期。

48 岁的玉婕，在单位上工作能力很强，和同事们也相处友好。但内心深处，她一直不能感受到和他人之间真切的联系。与丈夫相处，得不到及时回应，就会处于极度不安与狂躁之中。打电话给丈夫，丈夫没有及时接听的话，玉婕就会一直不停拨打，心里有立即找到丈夫去质问的冲动。与不涉及现实利益的人相处，即使相识不久，玉婕内心也会很快地感觉到自己和他人非常亲密，有把所有事情一吐为快的冲动。回顾玉婕的早期成长，母亲在她满月之后，因为产假已满（当时产假很短）不得不去上班，有时把她托给邻居照看一下，大多数情况下就把她一个人锁在屋子里……

玉婕在婴儿期所接收到的情感呼应，显然是非常不足的。但她与现实事物的联系比较好，一直以来学习工作非常努力，学习工作中所得到的回报，反而比期待别人的情感回应更加稳定。玉婕的内心体验里，有和别人合二为一的愿望，这种愿望正是早期母婴互动不足，母亲和婴儿没有很好分离的表现。

象征性表达方式

借助象征性进行表达的内容，既可以是婴儿早期心理体验，也可以是心理体验之间复杂的冲突，相比较而言，冲突更加具有表达的紧迫性。

早期心理体验在婴儿感知能力发展中，不断遭遇冲突，冲突推动了逻辑思维、情绪情感、意志行为的出现。西方心理学提出观察成熟个体的三个角度：认知、情绪与意志，即个体的观念系统、情感体验与外部行为。中国俗语称了解一个人需要“听其言、观其行”，如果其中加入“察其情”，便也形成了相似的观察角度。

接下来提到的三种象征性表达方式，与以上三种观察角度保持一致，但是对于婴幼儿的发展状态而言，它们分别是：言语、躯体与动作。言语指个体学习语言的内在准备状态，是个体学习外在语言知识体系的能力基础。躯体指我们不能自主控制的身体反应，包括内脏、内分泌、免疫及神经系统的运作。动作指我们可以自主控制的，依赖骨骼及肌肉进行的肢体及表情变化。

婴幼儿的言语、躯体与动作正是成人认知、情绪与意志的基础。无论是婴幼儿使用早期的表达方式，还是成人使用成熟的表达方式，他们都在以象征性的方式表达着自身独特的生命体验。婴幼儿与成人一样，拥有极为丰富、深刻、复杂以及充满冲突的内在体验，任何外在表达都来源于这些体验，因此以象征性视角来观察，也许我们可以解读出更多的内容。

人类个体言语的发展，包括口头言语和书面言语。口头言语是将“音”和“义”联系在一起的过程，书面言语是将“音”“形”“义”联系在一起的过程。汉字属于象形文字，其蕴含的视觉信息如同画面一样丰富，作为汉字一部分的部首也有着强大的表意功能。“同声相应、同气相求”，汉字的发音也有表义的功能。古汉字中有很多发音相似字形不同的通假字，它们经常被用来表达同样的含义。对于书面言语，婴幼儿只涉及一些最基础的学习，我们较少探寻文字对他们的影响，但在成年人身上，我们可以看到汉字强大的象征性功能。

婴幼儿的言语发展，首先是口头言语的发展，从可以辨别人类声音，到发出单音节、连续音节与重叠音，再到配合音调说出第一个具有交际特点的词，婴儿大约需要十个月的时间。在一岁至两岁之间，幼儿可以说出物品的名字和电报式短句，这时他们用自己的名字称呼自己，好像自己与其他物品一样，需要特定的名称进行标识。在两岁至三岁之间，幼儿开始使用人称代词“我”来称呼自己。

婴幼儿既有冲突性又有整合性的主体性体验，始终处于一种持续发展的状态。个体内在“主体”的产生，要早于其口头言语中“我”的使用。“我”的使用，表明幼儿不仅已经知道“自己”作为一种存在，区别于其他所有外在事物，也知道对于内在感受而言，“自己”是一个整体性的存在。看起来普普通通的“我”字，却极具象征意义。幼儿使用“我”不仅标志着其自我意识的建立，也标志着其言语象征功能的建立。

“我”作为代词，每个人都可以用它指代自己。运用象征性的视角，除了可以从口头言语“我”中，看到婴幼儿自我意识的建立，我们也可以从婴幼儿躯体变化，以及动作发展中看到这一点。

就躯体变化而言，胎儿从母体中出生，是母婴共生事实的结束。婴儿最初只能消化乳汁（类乳汁），对母乳的依赖使得婴儿和母亲好像依旧是一个共生整体，当婴儿可以依赖别的食物生存下来的时候，婴儿与母亲之间进一步分离。从乳汁依赖中独立，象征着婴幼儿内在体验的进一步独立，也象征着婴儿在母婴关系中的进一步独立。婴幼儿吃进食物，将有用的营养物质吸收，将无用的食物残渣排出，象征着对于人际关系中所给予的各种复杂信息，婴幼儿可以将有用的信息接收，将无用的信息排出。大便通常被认为是不好的东西，但它依旧是个体的一部分，因此幼儿可以接纳自己的大便，也象征着其可以接纳自己身上“坏”的部分。

就动作发展而言，直立行走的能力象征着更多的控制感，也象征着婴儿可以完全自主地离开母亲去探索，并且可以将行走空间变成属于他的领地。婴儿特别热衷的抛物游戏也是如此，婴儿将手中的物品不停地扔出去，期待养育者捡回来，婴儿反复抛掷乐此不疲，充分享受着控制动作、控制物品与控制互动的自主性。幼儿似乎有无穷的精力，动作在消耗精力的同时也在释放内在冲突。内在体验激荡之下，他们的动作展现出非凡的创造性与破坏性。

言语、躯体与动作，是婴幼儿内在体验及冲突的象征性表达方式。成年人的认知、情感与行为，也具有丰富的象征意义。由于成人的观念体系涵盖更多内容、躯体条件具有更强的耐受性、行为模式更加复杂化，我们解读其象征性内容会比较困难一些。但如果您了解日常口误、笔误为什么会出现？如果您了解为什么我国内科门诊里，有百分之八十的患者需要心理层面的疏导？如果您了解频繁洗手、频繁关窗行为，对强迫症患者意味着什么？您一定会认同：内在感受需要使用象征性手法来表达自己。

关于象征性表达，还有一个话题必须提及，那就是我们非常熟悉的艺术表达。绘画、舞蹈与音乐，作为最基本的艺术表达形式，具有强大的象征功能。富含视觉信息的画面，不论是外物实景，还是写意神韵，或者内在想象，都可以称之为“意象”。绘画、舞蹈以及音乐带来画面感，均可以象表意。

王弼借《庄子·外物》指出：“言者所以明象，得象而忘言；象者所以存意，得意而忘象。”大致意思是：如果知道“象”就可以不依赖“言”，如果知道“意”就可以不依赖“象”，因为“言”是“象”的象征性表达，“象”是“意”的象征性表达。

浩浩今年六岁，他五岁时跟随父母移民去了国外，现回国探亲，正在和父母的朋友们一起吃饭。菜已经摆好了，大人们招呼小朋友一起来吃。有位阿姨对浩浩说：“浩浩快来，上桌吃饭。”浩浩问妈妈：“不是坐在椅子上吃饭吗？为什么说上桌子呢？”大家听了忍俊不禁。

我们都知道“上”在这里的意思，类似“加入”。汉语里“上”的含义极为丰富，既可作方位词，也可作形容词或动词。作为动词，可以是上升、上报、呈上、提倡、缴纳、去、到任、安装、学习、点燃、拧紧、涂抹等多种意思。浩浩在那一刻将“上”直接确定为“坐在上面”，难怪要心生疑惑。

妮妮是个五岁的小姑娘，她的爸爸妈妈经常争吵，她在旁边就像一个没有人看得见的影子。父母争吵的时候妮妮很害怕，一动也不敢动。到了晚上睡觉的时候，她会在心里想：如果我磕很多头，磕到一个大大的数字，比如一百，那爸爸妈妈就会不再吵架了。妮妮跪在床上，一个接一个地磕头，磕着磕着就睡着了，她觉得似乎自己从来没有磕够那个大大的数字。

父母争吵的时候，妮妮内在充满恐惧，身体似乎也僵住了，这些体验没有向外倾诉的机会，但它们也不会自动消失，就像一个隐隐约约存在着的力量集合体。在晚上独处的时间里，环境比较安全，妮妮终于可以用动作将这些聚集的力量释放出来，并且希望借此可以祈求神秘的力量，来中止父母的争吵。比较有意思的是，她从来没有磕够想象中的数字，也就是说没有想象中的力量可以帮助她。这也许是因为，她的内心深处知道，她依旧需要依靠自己的力量去接受现实或者改变现实。

妈妈发现自己生了第二个宝宝之后，照顾孩子们的事务一下子多了很多。不但小宝需要很多精力来照顾，原本已经不尿床的大宝，不知道为什么最近又开始尿床了？大宝的身体比之前变得弱了一些，似乎除了尿床，胳膊上也有一些小片的湿疹……不知道是不是以前起过的湿疹复发了？妈妈决定带大宝去医院看一看。

这位妈妈关注到了大宝身体不适，担忧之余准备带孩子去看医生。但她可能忽略了另外一个非常重要的角度，很多情况下，情绪会以身体的方式表达出来。大宝已经不尿床了，现在的尿床，似乎退回了年龄更小一些时的样子。年龄更小一些，需要妈妈照顾的地方就多一些，所以大宝可能在表达，自己需要妈妈多一些的照顾。二宝出生后大宝受到的关注减少，虽然他希望妈妈和自己多待一会儿，但大宝知道妈妈辛苦，也知道自己要懂事一些，自己也应该去帮助照顾二宝……

觉察的不同切入点

半岁之前，婴儿行动能力最为受限，回馈更多来自和养育者之间的非语言互动。养育者能否做好一面“稳定”的“镜子”，会导致婴儿使用不同的模式来觉察“自我”。母婴互动中，婴儿内在体验的边界感的确立过程，十分缓慢且细腻，人类社会性情感随之萌芽并不断丰富。

婴儿对外在物质世界，以及自身躯体行为能力的觉察，也在不断促进婴儿自我意识的发展。来自物体运动和肢体控制的稳定回馈，使婴儿与外界人或物之间的现实边界快速建立，以逻辑性著称的思维随之萌芽并不断发展。

婴儿对“自我”进行觉察的不同模式，依赖于养育者的“镜子”功能，其区别在于其觉察内容的来源之处有所不同。而情感与思维的出现，使得婴幼儿在面对相同觉察内容时，所获得的信息有所不同。由此我们可以看到，婴儿的觉察呈现出个性化特点，他们拥有着属于自己的优势切入点。

因为所有的觉察方式，在婴幼儿期都处于快速发展中，对其优势切入点的观察反而不易进行。成人的觉察功能强大且稳定，其优势切入点与辅助切入点，可以清晰地呈现出来，因此我们先对成人的觉察方式做个讨论。

成人所面对的外部信息极为丰富，觉察的范围非常广阔，但只有被聚焦觉察的对象，才能得到进一步加工，并纳入观察者的心理系统。就像舞台上演绎的各种故事，可以是当下此时此刻发生的事情，也可以是能够回忆起来的过往，也可以是对未来多种可能性的设想。但舞台场地有限，舞台上聚光灯打在哪里，哪里才会成为觉察焦点。被强烈聚光投注的觉察对象，其信息可以被加工整合，并因此拥有影响力，它们可以改变观念系统，也可以引发外在行动。

设想一个场景：你刚刚装修好一套房子，邀请了几个好友来家里。这些都是极好的朋友，他们不会给你客套的赞美，也不会给你肤浅的寒暄，但他们确实彼此不同。看看他们会有什么信息回馈给你？

有的朋友特别关注房间装修的细节，对物品的色彩、花纹、款式、质地等感兴趣；有的朋友特别关注屋内的某些特点，可以是具体的物品也可以是某个氛围，这些特点吸引了他的注意力；有的朋友特别关注家带给人的舒适度，当然他更在意你是否觉得舒适；有的朋友特别关注所有房间的布局是否合理？装修过程是否合乎顺序？

这里的重点，并不是他们的意见和你一致还是不同，而是你可以看到他们之间的差异。每个人的关注点都非常特别，我们受邀进入别人的房子也会如此表现。房屋是一个整体，所有的信息都值得去关注，观察者拥有彼此不同的、最迅速、最直接的切入点，呈现出了独特的觉察方式。

瑞士心理学家荣格关于意识功能的观点，非常值得推荐。他提出了意识的四种功能：感觉、直觉、情感和思维。这四种意识功能，或者说这四种基本的觉察能力每个人都具备，但每个人的优势功能各不相同。来参观房子的四位有趣且迥异的朋友，他们各自不同的觉察切入点，正是这四种功能的不同表现。

非常有意思的是，荣格将感觉和直觉功能称为非理性功能，将情感与思维功能称为理性功能。读到这里，您一定会有些不适应，我们已经习惯了使用感性与理性对人们做一个大致区分，认为重感情或者情绪波动大的人往往比较感性，情绪稳定或者做事有条理的人往往比较理性。实际上这种区分非常模糊，因为生活中有很多人重感情同时做事也很有条理，也有很多人情绪波动大同时平复起来也很迅速。

我们先来讨论一下这四种不同的觉察方式，再来看看为什么荣格将它们归为理性与非理性两类。

要理解觉察对象，首先对刺激如实记录，记录由感觉功能完成，它告诉我们刺激带来什么感觉；其次对刺激进行命名或定义，定义由思维功能完成，它告诉我们刺激是个什么东西；随即对刺激做出评价或者赋予价值，赋值由情感功能完成，它告诉我们刺激对我们意味着什么；最后对刺激走向进行预测，预测由直觉功能完成，它告诉我们刺激隐含的可能性。

以感觉为主要觉察方式的人，与刺激自身的特征连接非常紧密。有的人是和外部的刺激直接关联，比如由周围世界带来的视觉、听觉、味觉、嗅觉、触觉等直接体验，就非常清晰且重要。有的人是和内在身体感受或细微念头连接紧密，会不断确认自己身体内部的舒适程度，以及确认自己的经验体系有没有被冲击到。

以直觉为主要觉察方式的人，与刺激整体中隐含的潜在走向连接紧密。有的人关注点主要在外部，他们对外在世界里的人或物都有很好的洞察力，似乎可以知道别人心里正在发生什么，或者能看到他人无法想象的可能性。有的人关注点在内部，他们的内在感受大多不是通过经验积累形成，而是具有自发性的特点，并且他们对自己的内在感受有非常强的确信感。

感觉与直觉，重在了解外在世界和内在世界已经提供给个体的信息，并不做出进一步的认知定义或者价值评估，因此它们被归为非理性功能。感觉来自后天的经验积累，直觉是对先验性内容的确信。这两种功能都关注具体信息，但关注具体信息的细节，往往意味着难以关注具体信息整体中隐含的走向，因此感觉与直觉之间彼此争夺觉察资源。当然竞争并非完全对立，感觉型的人可能在穷尽细节的基础上探索整体走向，而直觉型的人也会为整体走向补充细节。

以情感为主要觉察方式的人，与刺激的价值评估连接紧密。有的人关注环境或群体对刺激的价值评估，寻求和他人情感的一致性，评估标准更趋向于对大环境的肯定。有的人关注自己内在的价值标准，对刺激进行评价的过程中，他们产生的情感深刻且难以清晰表述，往往也难以被他人理解。

以思维为主要觉察方式的人，与刺激自身的逻辑体系连接紧密。有的人关注大家都认同的理念，也希望自己建立的理念被别人认同，他会规划并支配理念的推行。有的人关注点在于，以内在真实的信念来界定并建构他的观念系统，不考虑什么观点会被普遍接受，也不会因为某个想法有些危险而不去思考它。

情感与思维，都在对刺激信息做出进一步的判断，无论是赋予价值还是进行命名，因此它们都被称为理性功能。这两种功能之间也存在彼此竞争，因为重视其中一个，往往意味着对另一个的某种妥协，“清官难断家务事”很好地表达了这两种功能之间的竞争。当然竞争也并非完全对立，重视思维逻辑的人也需要面对自己的情感，重视主观体验的人也不能忽视事物自身的逻辑脉络。

感觉、直觉、情感与思维，这四种基本功能每个人都具备，它们之间没有好坏之分。在婴儿成长过程中，会发展出某一个功能，作为自己非常擅长的觉察切入点，我们称为个体的优势切入点，它可以是这四个功能中的任何一个。排在第二位的就是个体的辅助切入点，它不会与优势功能同属于理性，或者同属于非理性。因为优势与辅助配合起来发挥作用，一定需要有一个收集信息，另一个对信息做出进一步判断。

还有一个很重要的角度需要提及，即个体的注意力，更愿意投放在外在还是投放在内在。这个角度与我们日常所理解的外向与内向相吻合。

关于成人强大的觉察功能，前文并没有讨论其具体的现实觉察内容，没有涉及以下诸如此类的问题：怎么规划自己的职业生涯？为何在恋爱关系里难以体验到安全感？二胎出生对家庭的影响有什么？如何面对青春期的孩子？

了解自己正在觉察着什么内容，往往比较容易。明白自己正在以怎样的方式进行觉察，则不太容易。觉察内容通常处于意识水平，觉察方式通常处于无意识水平，因此觉察方式本身很有必要成为我们观察的对象。

大约在六个月的时候，婴儿就可以自己坐稳了，这时他们的视觉角度，已经和成人保持一致。到一岁左右，婴儿开始可以独立行走了，他们能探索的世界拓展了很多。婴儿的感觉、直觉、情感与思维，都处在迅猛发展中，其优势切入点与辅助切入点将随着丰富的觉察，逐渐清晰并得到优先发展。

个体之间，自我意识不同、觉察方式不同，兴趣领域不同、外在环境不同、成长经历不同……于是，人，生而百态，绚烂缤纷。

特恩布鲁是一位人类学家，在 20 世纪 60 年代初，他进入刚果的森林研究当地人的生活与文化。有一次他在外出考察，穿过森林从一个部落到另一个部落，随行的向导是一个叫肯格的小伙子。当他们到达一座小山东边时，那里为了建一个传教点把树木全部砍伐了，人能一眼看到远处高高的鲁文佐里山。肯格一直生活在丛林里，有生以来从未看到过远处的风景。虽然特恩布鲁告诉他那是山，但是这些山要比肯格在自己生活的丛林中所看到的山高大得多。特恩布鲁问肯格是否愿意一同驱车前往，更近地观察那些山，肯格犹豫片刻之后同意了。

最后他们到达了位于山脚下的国家自然公园。当肯格抬头仰视群山时，他简直说不出话来，他的语言中没有可以描绘眼前风景的词汇。肯格认为山顶上的皑皑白雪是层层岩石。他们准备离开时，广阔的平原渐渐清晰地映入眼帘，一群野牛正在几英里外吃草。肯格问那是什么昆虫？特恩布鲁回答说那是野牛。肯格认为他在开玩笑，并再次询问那是什么昆虫？特恩布鲁立刻回到车里，和肯格一起开车接近吃草的野牛。当肯格看到动物的形体在不断增大时，他小声说这应该是魔法。最后当他们到达野牛身旁，看到野牛的真实大小时，肯格仍不明白为什么刚才他们看起来是那样小，并且怀疑它们是不是在刚才那段时间里渐渐长大的，或者这其中是不是有人在耍花招。

物体离开我们的距离越远，它在视网膜上的成像就会变得越小，但我们会认为物体依旧是原来的大小，这种现象被称为知觉的恒常性。肯格的生活经验里没有远距离视野，他不能理解为什么野牛看起来那么小，实际上却那么大。知觉恒常性的获得来自经验的积累，这正是感觉功能所擅长的工作内容。

视崖实验是一个经典深度知觉实验。1960 年，康奈尔大学的吉布森和沃尔克，设计了一种被叫作视崖的实验装置。视崖是一张高为 1.2 米的桌子，表面是一整块厚玻璃，其中一半是不透明的，因为玻璃下方紧贴了一块红白格子的布，此为“浅滩”，而另一半是透明的，但在相距 1.2 米远的地面上，铺上了同样红白格子的布，此为“深滩”。如果被试能感知到深度的话，他们就会发现两边红白格子布的深度是不一样的。

为了排除后天经验的作用，吉布森和沃尔克选择 6 到 14 个月大的婴儿，以及刚出生的小动物作为被试。实验中婴儿被放置在桌子中间，要求母亲分别站在深滩和浅滩两端召唤他们。实验表明，所有的婴儿都愿意在母亲的召唤下，爬过浅滩；只有三分之一的婴儿在犹豫中爬过了深滩，其他三分之二的婴儿即使在母亲敲击玻璃以显示其坚固性后，仍不愿意爬过去。这表示婴儿已经感觉到视崖的深度。

动物实验结果显示，一旦动物的生存需要深度知觉，这种能力便在出生时就展现。一天大的鸡雏、小山羊已经具有深度知觉。

1987 年，安德斯让只有三天大的婴儿，在同样亮度下，观看红绿蓝以及灰色的方形光束，他们对于红绿蓝的观看时间明显多于灰色。这个实验结果，对于知觉来自先天功能，而不是来自经验积累的观点，是一个有利的证据。

视崖实验，目的在于探索深度知觉是先天具有？还是通过经验积累而形成？实验结果更倾向于深度知觉的先天性。虽然婴儿至少有六个月大，很难认为他们没有任何深度经验，但动物实验与后续安德斯的色觉研究支持了直接知觉的存在。可以推断，某些内在体验可以借由个体先天的自组织能力而获得，这正是直觉在发挥作用。

1975 年，史蒂文斯使用数量估计法研究感觉与刺激之间的关系。实验中被试可以随意地给第一个刺激打分，然后按照自己的主观感受给其他刺激逐个打分，打分数字不受任何限制，最终揭示了主观感受值与客观刺激值之间的量化公式。

数量估计法看似简单，却可以与生物电测量相媲美。让被试尝不同浓度的柠檬酸和蔗糖溶液，再让他用数量估计法进行打分，报告他品尝后感觉的大小。在被试两天后的手术中，将同样的溶液放在被试舌上，直接记录他鼓索神经动作电位的发放频率，最终结果显示两种方法测量数据十分相似。

史蒂文斯还用不同感觉通道做交叉匹配实验，让被试紧握压力器，用握力大小来匹配所感受到的电流、白噪声、震动等刺激的大小。结果发现，按量化公式算出来的预期指数，与实际结果吻合得很好。

列出这个实验，是想让大家看到，对主观感受进行直接打分是非常有效的，它既可以与生物电测量有相似效果，还可以在不同感觉通道之间进行匹配。而被试的主观打分，通常并不是一种精确推算，往往是一种直觉式的即时反应。由此我们可以理解，为什么那些来自直觉反应的内在体验，往往也具有很强的可信性。

本章内容简要回顾

幼儿心理建设的目的，在于建设一个以自我意识为核心的稳定的人格基础。幼儿借此展开自己的整个生命历程。

心理活动以身体为物质载体，兼顾精神层面的探索，它包含观念系统、情绪体验和意志行为。心理的核心功能是觉察，可以觉察到的内容处于意识水平，觉察不到的内容处于无意识水平。

婴儿在自我意识形成之前，已经具备早期的全能控制感、非黑即白的对立评价和“坏”体验的向外投放，并由此构建起“主体”。

婴儿早期“主体”性感受，在现实的人际互动、物体运动及身体感受中得到修正，其中母婴之间的情感呼应至关重要。情感呼应模式不同，婴儿觉察自我的模式也不同。

婴儿自我意识形成过程中的内在体验与冲突，通过言语、躯体和动作进行象征性表达，对自我的持续觉察最终促使婴儿可以使用“我”来表示自己。

觉察是心理的核心功能，觉察方式可以分为感觉、直觉、情感与思维。个体在成长中发展出自己的优势功能，并使用优势功能完成对自我以及外界的觉察。

第二章

心理活动发展的核心内容

心理在身体和灵魂之间构建了可以让三者彼此交融的空间。同时，心理以其强大的觉察功能，觉察着身体、心理与灵魂三者构建的生命个体，也觉察着个体之外的整个物质世界。

个体对生命的觉察主要通过与重要他人的互动来完成。觉察可以将个体身心灵无意识内容不断意识化，并且把意识化的部分进行整合。人际互动推动了个体社会性情感的发展。个体对物质世界的觉察，主要通过人与物的互动来完成。觉察可以了解物质的运动、成分、形态，以及抽象数理规律。人与物的互动，大大推进了个体逻辑思维能力的发展。

感觉、直觉、情感与思维，是瑞士心理学家荣格提出的四种意识功能，也是四种觉察方式。这四种方式每个人都拥有，它们之间没有好坏之分。个体在成长过程中，发展出自己的优势功能和辅助功能，觉察方式逐渐清晰。

觉察方式与觉察内容不同，之前讨论的婴儿全能控制感、非黑即白的分裂感、“坏”感受的向外投放，是其早期“主体”性感受的具体内容。这些感受主要是对婴儿半岁之前的无意识内容的推测，从终生发展的角度来看，不同时期的内在感受包含着不同的内容。

个体的自我意识，既包含如何认识自己的生命，也包含如何看待自己与他人之间的关系，还包含如何理解自己与物质世界的关系。从诞生到死亡，个体的自我意识将经历怎样的变化？有研究者用划分阶段的方式，向我们描述了这些变化。

下面将介绍两位研究者的描述，一位是美国心理学家埃里克森，他的人格发展阶段论，描述了不同阶段个体的情感主要包含哪些内容。另一位是瑞士心理学家皮亚杰，他的认知发展阶段论，描述了不同阶段个体能够思考哪些内容。

人格发展阶段

人格是个体先天神经系统反应模式与后天人际关系互动模式的集合体。这个从出生便开始逐步形成的集合体，让每个人在待人接物中都极具个人特色。人格的核心内容在于，个体如何建设一个“我”？如何建设一个“我”与“他人”共存的心理世界？

关于人格发展阶段的观点有很多，前文提到的“三岁看大、七岁看老”，就是一种阶段划分。另一种阶段划分很多人都熟悉，那就是《论语》子曰：“吾十有五而志于学，三十而立，四十而不惑，五十而知天命，六十而耳顺，七十而从心所欲，不逾矩。”

西方精神分析学派的开创者弗洛依德，依据生命能量在身体部位的投注顺序，对人格发展做出阶段划分。口唇期大约在一岁半之前，婴儿主要通过口腔活动来获得满足；肛门期大约在一岁半至三岁，幼儿主要靠大小便排泄来获得身体快感；生殖器期大约在三至五岁，幼儿可以辨识男女差异，与异性父母更为亲近；潜伏期大约在五至十二岁，儿童的兴趣转移到周围事物上，对自己身体及性别的关注处于潜伏状态；生殖期大约在十二岁直至成年，两性差异开始显著，个体对相似年龄的异性产生兴趣。

由于采取了不同的角度，上述人格阶段的划分呈现出明显的差异。因为本书始终将人格的核心内容，界定在“我”与“他人”的关系上，以及借由人际关系发展起来的自我意识上，所以下文重点讨论自我体验发展的阶段性特点，讨论所依据的理论，是由美国心理学家埃里克森提出的人格社会发展阶段论。

埃里克森认为，人格的发展是按阶段依次进行的。就像身体器官的发展，会按照预定时间表展开一样，人格的发展也有同样的时间表。埃里克森将人格发展分为八个阶段，这八个阶段以固定的顺序依次出现，并且在不同的文化背景中具有一致性。个体的自我或者说人际关系，在每个阶段都有一个重要转折点。转折点也意味着危机或任务，积极解决危机或完成任务，可以增强自我的力量，也可以帮助个体更好地适应关系。顺利度过上一个阶段，可以为解决下一个阶段的危机打下基础。反之亦然，危机不能被很好解决，自我的力量会被削弱，也会阻碍个体适应新的关系，并使得下一阶段的危机解决更加困难。

以下八个阶段所对应的年龄，只是一个大致划分，对个体而言，提前与推后一些都属于正常。

第一阶段（0～1岁）：基本信任（积极）与基本不信任（消极）

这一阶段的心理发展任务是获得基本信任感。这一时期也是我们通常所说的婴儿期。如果母亲或养育者能恰当回应婴儿的需要，并使之获得满足，婴儿就会对母亲或养育者充满信任。这种基本信任可以泛化到婴儿所处的整个环境，或者说婴儿会产生对整个人类，甚至整个世界的基本信任感。与之相反，如果婴儿得不到母亲或养育者的恰当回应，就会对外界产生恐惧与怀疑，产生基本不信任感，以至于影响下一阶段的顺利发展。

前文对婴儿“主体”性感受做了讨论，母亲或养育者的恰当回应，可以帮助婴儿聚集整合内在体验，形成“主体”感受。拥有一个稳固且协调的主体，是婴儿最大的信任感来源。这种借由母亲情感呼应而建立的源自内在的信任感，对外部环境的冲击有非常强的耐受力，可以向个体提供最基本的安全感。这种安全感也是婴儿直至成年，可以不断进行自我修正的基石，也是个体拥有希望品质的基础。

8岁女孩小倩，由母亲独自抚养长大。父母在母亲怀孕四个月时办理离婚，离婚由父亲提出并坚持，之后母亲一直难以从这段情感里走出来，开一个小书店养活母女二人。小倩的学校生活比较正常，但在家里经常出现情绪突然爆发，摔砸东西的情况，母亲对此感到无可奈何。母亲觉得最不能理解的是：有一次母亲带小倩一起外出，女儿开始是坐在自行车后座上的，后来道路被堵，小倩下来步行。等可以再次骑行的时候，小倩无论如何也不坐后座，也不走路，只待在原地不动，并且一直抓住自行车哭喊“妈妈、妈妈、妈妈……”，以至于路人以为妈妈是拐卖儿童的人贩子，将母女二人送进了派出所。

在这个事件里，小倩妈妈感到比较奇怪，自己就在孩子身边，孩子为什么还要大声呼喊妈妈？我们回顾一下便可以看到，在小倩的早期养育中，母亲几乎一直沉浸在自己的情绪里，孩子如果不哭不闹，就很难得到母亲的关注。母亲只能满足孩子的基本生存需求，所以孩子“知道”妈妈“人在心不在”，需要自己大声呼喊来唤醒妈妈。日常生活中的情绪爆发与摔砸东西，也是在表达同样的诉求。

第二阶段（1～3岁）：自主（积极）与羞愧（消极）

这一阶段的心理发展任务是获得自主感。一岁以上的幼儿，开始有独立自主的要求，想要自己穿衣、吃饭，开始探索世界。如果父母或养育者，允许他们独立去做一些力所能及的事，并表扬他们的表现，就能使孩子觉察到自己的掌控力，使幼儿获得一种自主感。如果成人包办代替或者过分严厉，幼儿就会产生对自我能力的怀疑和犯错的羞耻感。

就更加精细的内在体验而言，幼儿在这一阶段的自主感，主要源于对身体的控制。幼儿的独立行走、独立进食、独立排便都发生在这一阶段，因此自主不仅是自行做出判断和决定，并且去执行它，它还包含着更为深刻的自我体验，那就是能驾驭自己身体而获得的极大成就体验。如果这一阶段进食与排便训练过于苛刻或者过于宽松，孩子对自己身体的主张不能得到实施的话，孩子就会体验到羞愧感。羞愧是一种被外界评价为无能、有过错或坏人时所产生的内在感受，其中包含无助、丑陋、懦弱与恐惧等体验。

因为父母工作忙碌，妞妞在一岁半至三岁之间，一直住在奶奶家，妈妈每周末都来奶奶家陪伴她。奶奶非常整洁，她怕妞妞尿在床上，也尽量避免妞妞尿在地上。奶奶找出来低一些的小尿盆和高一些的小椅子，让妞妞面对小椅子坐在尿盆上，在小椅子上放一本书。因为可以翻看书上的图画，妞妞就能在尿盆上多坐一会儿，这样尿的时候就可以尿在尿盆里，而不会尿在地上了。奶奶觉得自己的主意很好，但没过多久，妞妞就出现尿频问题，已经建立起来的排尿规律反而被破坏了。

在这个事件里，奶奶没有意识到，成人对于婴幼儿的排便训练过于严格，会干扰其身体自身的发育节奏。对于婴幼儿的排泄物，成人如果感觉非常厌恶或极度不洁，婴幼儿也能够感受到来自成人的排斥。由于他们还不能将自己和外界完全区分，婴幼儿会认为自己的一部分，甚至自己的全部是不好的，并因此产生羞愧体验。这种对自身生理功能的羞愧感，不易表达也难以释放。

第三阶段（3 ～ 6 岁）：主动（积极）和内疚（消极）

这一阶段的心理发展任务是获得主动感。这一阶段儿童肌肉运动能力发展，可以蹦蹦跳跳，口头言语能力发展，能够说出完整连贯的话。儿童的生活空间扩展到了幼儿园的集体之中。儿童对周围环境和自己都充满了好奇心，内心装满了十万个为什么。如果成人对孩子的好奇心和探索欲给予理解和支持，给儿童自由创造的活动空间，耐心解答他们的问题，孩子的主动性就会进一步发展。如果成人总是对儿童的主动行为采取否定和压制的态度，孩子就会产生更多的内疚感。

进入幼儿园之前，孩子在家庭中处于一个非常独特的位置，既是家里最受宠爱或最受照顾的那一个，也是家里力量最为薄弱的那一个。进入幼儿园，和同龄的小朋友一起度过很长的时光，在老师的带领下参加集体活动，这一切对孩子而言都是非常大的挑战。他们需要学习如何主动发起与同伴的交流？如何主动选取自己的兴趣并专注其中？如果这些主动行为不能够得到鼓励，孩子往往会产生内疚感。因为这个年龄的儿童，已经能够内化成人的评价标准，如果评价体系过于严苛或呆板，孩子就会经常将错误归咎于自己，这种自认为犯错的感受正是内疚感。

铭铭 5 岁，话语不多，但非常喜欢阅读。妈妈和铭铭一起外出的时候，遇到单位的同事。妈妈让铭铭向阿姨打招呼，铭铭内心正在酝酿，他是愿意和阿姨打招呼的，只是有些不好意思。在铭铭刚要开口的时候，妈妈充满歉意地对阿姨说："我家这个孩子，太内向，连话也说不了。"铭铭感觉妈妈似乎对阿姨很抱歉，自己也觉得对妈妈很抱歉。

故事里的铭铭，长大之后确实越来越内向，似乎小时候妈妈对自己的评价并没有错。但这里还有另外一个可能，妈妈在很早的时候就定义了铭铭，铭铭一直在朝着妈妈界定的方向发展，因为这是一个不需要行动、只需待在原地的方向。妈妈也是一个非常内敛的人，在铭铭的记忆里妈妈从不曾夸过自己。妈妈也是一个内疚感非常强的人，铭铭觉得内疚是家里最熟悉的味道。虽然成年以后，妈妈会说儿子让自己很省心，也没有什么青春期叛逆，言语之中有夸奖铭铭的意思，但铭铭内心却五味杂陈，不知道这是否算得上一个值得夸赞的理由。

第四阶段（6～12岁）：勤奋（积极）与自卑（消极）

这一阶段的心理发展任务是获得勤奋感。这个年龄的儿童，书面言语和数理逻辑能力快速发展，他们开始对科学技术、人文历史以及地理经济等话题感兴趣，提出的问题具有了一定的深度和广度，在学校以外的社会活动能力也大大加强。如果儿童比较广泛的学习活动能得到成人的支持和帮助，他们便能体验到一种源自内在的勤奋感。如果父母把孩子的广泛兴趣看作不务正业，只拿单纯的学科分数对孩子进行评价，就会让孩子产生自卑感。

儿童进入小学阶段，他们已经有能力在学校承担知识体系框架下的学科学习任务。除此以外，对于他们感兴趣的事物，他们也会出现自发性探索，并进一步将探索所得加以整理，以形成自己的逻辑体系。这是一种内在的认知操作，虽然孩子们很难形成外在的成果，但这样的心智操作会给儿童带来一种理智感，进而产生不断探索的勤奋感。如果成人忽视自发性探索的价值，只重视最终的成绩，孩子成绩不好就会产生自卑感，认为自己不如别人。即使有好成绩，外在成绩优势与内在理智感相比，理智感是更加能激励孩子去学习的内在动力。从广义上讲，通过努力取得变化都是学习，没有人比孩子更热爱变化，更愿意为变化付出努力。树立终身学习观，感受变化中的快乐，成人也会像孩子一样，体验到源源不断的理智感与勤奋感。

五年级的乐乐，在一次考试之后对妈妈说："妈妈，我发现一个很恐怖的事情，我们班学习最好的那个女生，这次考98分，还被她妈妈打了一顿。真是太可怕了，我经常考到70多分，你也没怎么骂我。"

乐乐妈妈听女儿说完，内心有些哭笑不得。妈妈心里当然希望女儿有个好成绩，并且也知道试题难度对于乐乐而言，并非高不可攀。但妈妈知道，高压之下女儿的成绩应该可以更好一些，但这会透支母女之间的亲密度，何况"高压政策”既不好坚持，能采用的手段也极为有限。妈妈知道女儿求知欲很强，也极其重视承诺，倘若有一天乐乐开始重视成绩，她内在的小马达就会发动起来。

故事里的乐乐妈妈，对自己的女儿有比较全面的了解，重视孩子内在学习动力，也能认识到亲子关系和谐的重要性。妈妈不以成绩作为评价女儿的唯一标准，女儿也不会将成绩作为获得自尊的唯一来源。

第五阶段（12 ～ 18 岁）：自我同一性（积极）与角色混乱（消极）

这一阶段的心理发展任务是获得自我同一感。“自我同一性”概念是埃里克森提出的一个重要概念，可以理解为社会与个人的统一，个体的主我和客我的统一，个体过去、现在与未来的统一，即个体能够全面认识到，意识和行为的主体是自己。埃里克森认为，自我同一感可以帮助青少年了解自己，以及了解自己与各种人、事、物的关系，以便顺利进入成年期。不能顺利建立自我同一感，个体将产生角色混乱感，出现能力与愿望之间的不一致，自己不同身份之间的不一致，自我认识与他人对自己的认识之间的不一致……

这一阶段的孩子，我们称为青少年。这段时间，也是他们就读中学的六年时光。青少年的心智与身体在这一阶段迅速成熟，他们面对的核心问题，是自我意识的确定和自我角色的认同。他们一方面要调整与父母的关系，适应快速成熟的身体，另一方面要面对社会选拔性升学考试。他们对世界有了新的观察和新的思考，也会经常考虑自己到底是怎样一个人。

他们逐渐疏远父母，不再在意通过家庭关系界定的身份与角色，开始重视与同龄伙伴建立起来的亲密友谊。从伙伴的态度中，他们重新认识自己，认识自己与他人外表上、性格上以及能力上的异同。他们逐渐适应快速发育中的身体，学会驾驭比父母更为充沛但暂时不够协调的力量，尝试如何与父母抗衡以争取更多的自主权利。他们逐渐形成新的性别认识，重新看待自己的性别以及两性差异，对同龄异性感兴趣，开始学习如何与异性相处。他们逐渐适应社会规则，不管是适应同龄人团体里的竞争与合作，还是适应以学科成绩为标准的选拔考试。如果处于多元文化环境中，他们还需理解不同文化间的碰撞，学习尊重与接纳文化或亚文化的差异性。

在这一阶段，青少年的关注点已经逐步脱离家庭，他们将在大的社会背景和社会任务中，认识自己与他人的联系，认识自己过去、现在与未来之间的联系，在自我意识与角色定位上产生一种内在的连续感，这正是自我同一感的内涵所在。与之相反，缺乏内在连续感，不能建立自我同一性，个体体验到的将是自我不同角色之间的混乱与冲突。

李鑫是一名初三男生，最近他的行为让妈妈大跌眼镜。以前叫他洗澡很困难，需要叫很多次，才不情不愿地去洗个澡。现在情形大变，李鑫每天洗澡，并且是每天早上洗澡，因为怕晚上洗澡之后头型会被压坏。早上起床时间掐得很准，只留够洗澡的时间，没有吃早饭的时间，洗完澡就直接出门了。冬天的话，到学校的时候，头上都是冰碴子……

毛毛是一名初二女生，妈妈最近出差半个月，平日里和妈妈无话不谈的毛毛有些孤独。因为座位轮换，有个女孩和毛毛交流多了起来，毛毛对这个比较另类的女孩充满兴趣。校园里大家都需要穿校服，这个女孩只穿校服上衣，不穿校服裤子，而是穿与校服裤子同色的短腿窄脚裤，这让她显得与众不同。毛毛从交谈中得知，女孩有好几个关系很好的校外男性朋友，这让毛毛很好奇。毛毛和女孩一起去唱歌，这是毛毛第一次没有告知大人，偷着溜出去玩。毛毛还第一次试着抽烟，但感觉味道不好，呛得慌。毛毛觉得和女孩在一起，生活变得很新鲜也很有意思，但这种感觉很快就被打破了。毛毛和女孩一起上厕所，女孩会在镜子前照很久才能出来，上课时也经常偷偷揽镜自照……这些举动一下子让毛毛对女孩失去了兴趣和热情，两个人的交流随之减少了许多……

子云是一名高二男生，前一段时间喜欢上了同班一位女生，对女孩展开追求，最后两个人像小情侣一样相处。但最近他给妈妈出了一个难题，因为他想和女孩分手，女孩不同意，情绪非常不好，在网络平台上留言给他倾诉，子云不厌其烦又无可奈何，于是求助于妈妈。妈妈询问之后，了解到儿子提出分手的原因，主要是因为感觉在关系里受到了很大束缚。子云非常喜爱打篮球，课余经常和一群男同学切磋球技，现在女朋友会提一些要求，希望他有更多时间来陪陪自己。高二学习安排很紧张，可以自由支配的时间本来就不多，子云感觉自己学习、篮球与感情都难以顾及，于是提出分手……

小馨是一名初一女生，她的初中学校是一所离家二百公里的寄宿制学校。小馨在上初中之前从来没有离开过家，并且晚上独自一个人睡也是在四年级之后。初中寄宿实行封闭式管理，手机限制使用，小馨只能在固定的时间给妈妈打电话。小馨感觉每天都很煎熬，都很矛盾，一方面这是自己能考上的最好的学校，父母也交了很多学费；另一方面骤然离开父母不能随时联络，让小馨经常在夜里默默哭泣。昨天晚上，小馨躲在被子里和妈妈打了一个电话，被巡视的老师发现后，把手机收走了，小馨觉得自己只是想说几分钟而已，只是想听见妈妈的声音……

宇含是一名初三男生，前一段时间班主任因事请假两个月，原来的班主任要求非常严格，新来的替任老师要求宽松很多。新班主任带班的这段时间，班级里面的整体氛围都很松散，宇含也几乎没有写过作业。原来的班主任重新到岗之后，对班级的要求恢复如旧，大家养成的懒散懈怠都要改变。宇含作业没有上交，老师批评过程中宇含出言顶撞，老师生气中让宇含在教室外罚站，并要求当晚写出检讨。宇含父母知道这件事之后，严厉批评儿子，也要求宇含当晚写出检讨。宇含不愿意写，他认为老师当时的批评具有羞辱性，但宇含父母一直喋喋不休，耗到夜里四点钟还不让宇含睡觉，称不写出检讨不许睡觉。最后宇含终于妥协，写下了检讨。第二天宇含和父母一起去了学校，父母正要将宇含的检讨交给老师，宇含一把夺过来，撕了个粉碎……

佳乐进入初三后让妈妈非常苦恼，她的成绩在班里处于中等偏上的位置，如果认真一些，成绩会有很大进步，但放松一些，成绩下滑就很厉害。妈妈因为中考即将到来而觉得应该加把劲，佳乐的表现恰恰相反，不但学习上更加松散，而且对自己喜爱的明星越发关注。佳乐不断给妈妈提出要求，要去参加偶像的粉丝见面会，要去参加为偶像举办的声援活动。妈妈也观察到，佳乐阅读的小说，不是充满暗黑色彩，就是充满玄幻色彩……

上述六个故事中的主人公，都处于各自的冲突状态中。工业时代的发展使人类受教育时间加长，参与社会生产活动的年龄推后，社会竞争性以及信息无序性加剧。对于青少年而言，外在环境的动荡与内在体验的激荡，所带来的挑战无疑是巨大的。这个阶段经常出现的追星行为，以及非常受青少年喜爱的暗黑类小说，或者具有玄幻色彩的仙侠小说，都是帮助他们完成理想与现实过渡的外部载体。他们会依据自己崇拜的人物（包括历史人物、英雄人物）来塑造自己，也会在阅读中满足自己对强大能量的渴望，或者释放内在强烈冲突所带来的压迫感。自我同一感在这些挑战中磨砺而出，同时它也是面对一切挑战的中流砥柱。

第六阶段（成年早期）：亲密（积极）与孤独（消极）

这一阶段的心理发展任务是获得亲密感。这里不再以非常具体的年龄进行分段，一般而言从 18 岁到 30 岁之间都属于成年早期。人与人之间的亲密关系，包括亲情、爱情与友情。虽然个体在这三种亲密关系中都可以获得亲密体验，但这一阶段所要获得的亲密感，特指爱情中的亲密感。成年早期是一个人成家立业的初创时期，工作让个体有机会参与社会劳动的交换，并因此获得回报得以独立生存，爱让个体有机会与他人建立深度链接的亲密关系，并步入家庭生活。个体与恋人分享快乐与痛苦，互相承担义务，共同完成任务，由此获得亲密感。如果与他人不能交流思想，不能分享情感，不能相互帮助，个体就会陷入深深的孤独感。

亲密感是一种源自内在的对自我、对他人以及对关系的接纳。在成年早期获得亲密感，称得上是对以往心理发展任务的一次综合考验。在三岁之前获得的基本信任感、自主感，主要通过亲子互动而建立。亲子关系具有天然的亲密感，但亲子双方的地位与力量相差悬殊，这与爱情中双方地位的平等性不同。青少年时期获得的自我同一感，主要通过同伴互动而建立。友情在同龄小伙伴之间产生，但一般都是同性别伙伴之间的友谊，这与爱情一般发生在异性之间不同。

亲情与友情中的关系质量，对爱情亲密感的获得至关重要。爱人之间的极度亲密，可以激活个体与父母之间的早期亲密体验，甚至会激活婴儿时期的全能控制感、非黑即白的分裂感以及“坏”感受的向外投放。爱人之间的频繁互动，也可以激活个体与同龄人既竞争又合作的感受。但爱人不是早期的父母，也不是单纯的友伴，爱人恰恰是可以让个体自我真实展现的那个人。个体在安全感、自主性以及同一性的构建过程中，拥有着很多处于无意识水平的特点，爱人之间的亲密互动，可以让这一切在关系中呈现出来。恋人之间投入感情直至建立家庭，在互动中逐渐清晰自己和对方的内在体验，进一步接纳自己、对方以及彼此之间的关系，并因此获得亲密感。

晓哲今年30岁，有一份稳定且待遇很好的工作，自己单独居住，父母与自己同城。晓哲很少去父母家，和父母没有太多交流。小时候父母对自己几乎从来没有鼓励，晓哲现在也不愿意和他们分享自己的生活与工作。从小到大，晓哲都没有让父母为难操心，好像植物一样悄悄地长大。近几年父母开始催婚，催得急了，一年前晓哲领回来一个女朋友。父母最初是非常不同意的，因为女孩没有学历、没有正式工作、外地人，并且身体有些残疾。晓哲不辩解什么，但一直保持和女孩的相处，相处将近一年了，父母开始妥协，表态说如果儿子觉得合适，就同意两个年轻人结婚。但这时候晓哲的反应出乎大家意料，晓哲选择和女孩分手了。父母只好托小姨和晓哲谈一谈，晓哲和小姨聊了很多，聊天内容大部分不是自己的恋情，而是父母对自己长期以来的忽视。小姨感觉晓哲可能都没有意识到的是：他像少年一般在完成与父母的对抗，他的武器是自己的婚恋，看起来自己做主进行选择，但选项一定是父母的反面。

浩林与静怡是在考研教室里认识的，紧张的备考过程中他们相互鼓励，彼此欣赏，成绩出来两个人都被录取，两个人也自然而然地成了一对恋人。浩林了解静怡在之前的情感中很受伤，他对静怡非常用心，希望自己能给她更好的呵护。浩林倾听静怡的心事，照顾她的情绪，自己的事情都和她商量，也非常尊重她的意见。两个人相处一年的时光里，有过几次冲突，浩林感觉解决冲突的过程，是一个需要不断证明自己在爱着对方的过程。本来自己内心真的很在意，但对方似乎感受不到，或者说永远不放心。很小的一件事，就会引发矛盾，而矛盾的焦点最终都不是那件事，而是静怡需要浩林来证明他在爱着自己！压倒骆驼的最后一根稻草，是年假两人分开各自回家，因为一件小事两人意见不一，静怡情绪大爆发，认为浩林不爱自己，并且再次提出分手。浩林非常痛苦，但他知道，自己没有力量一直处于自证其身的状态里。静怡太缺乏安全感了，这源于她早期与母亲的关系，浩林以为自己可以给予她安全感，实际上浩林还没有成熟到可以承载这个安全感重建的任务。

第七阶段（成年期）：繁衍（积极）与停滞（消极）

这一阶段的心理发展任务是获得繁衍感。成年期涵盖的时间跨度比较大，由于下一个阶段是成年晚期，或者说是老年期，因此我们可以用职业生涯的起始与终结，来界定整个成年期。也可以将家庭结构变迁作为界定依据，从个体组建家庭，到最后一个子女组建小家庭，之间的时段被认为是整个成年期。在职业与家庭中，个体拥有灵活多变、形态多样的生活模式，所以关于成年期的界定也因人而异。

无论如何界定成年期，其内在体验都具有一致性，即在事业和感情，或者说职业和家庭中，体验繁衍感。就个人而言，在工作中发挥创造力，取得属于自己的成就；在家庭中维护亲密感，繁衍后代，关心父母，重视传承。就社会责任而言，有追求事业成功的愿望，关注社会发展，关心家族及民族子孙后代的幸福。与之相反，如果个体的能量只投注于自身，其内在体验则会是停滞感。

繁衍感不是基于道德要求而提出的，也不是为了完成社会任务而勉强为之的。繁衍感是一种生生不息的感受，是一种人与人之间息息相关的感受。个体处在成年期，虽然拥有了自己的工作岗位，拥有了独立生存的能力，组织家庭并养育子女，拥有了更多自主权，但人到中年，个体所承受的压力，以及可能遭遇的变故大大增加。宋人方岳诗云“不如意事常八九，可与人言无二三”，正是成年期个体的生存状态。但如果个体能顺利度过前几个阶段，真正拥有对世界的基本信任、对自我的自主表达、行为的主动与勤奋、不同角色的内在同一以及良好的亲密关系，那么挫折与苦难不会撼动个体内在体验中的生机勃勃。

菊子今年40岁，她用了5年时间走出了人生低谷。在她35岁的时候，一年之内接连遭遇了三个创伤事件，三个事件关联着她生命中重要的三位男性。先是儿子一出生，因为肺炎被送入新生儿病房护理，期间孩子状态不稳定，让全家人极尽煎熬。儿子刚刚百天，菊子发现丈夫的婚外情，家庭由此走向破裂。大半年之后，菊子的父亲检查出严重疾病，之后她不断奔波在为父亲求医的路上。

面对儿子和父亲疾病的同时遭遇感情背叛，生活就像四面透风的残垣瓦砾，菊子感觉自己孤立无援。在最困难的时候，她感觉自己快坚持不住了，幼时姥姥给予自己的关爱突然浮现心头。菊子不知道自己怎么就想起了姥姥，只是记得内心一片昏暗之中，念头里突然出现姥姥，那一刻如同阳光照进了心里，被背弃的低价值感和屈辱感随之驱散。虽然事情还是需要一件一件去完成，但阳光不时照进心房，心间的温暖一点点蔓延，走出低谷的菊子，感觉生活比之前更加清澈与明媚。

菊子内心感受的转折，来源于早期亲子关系滋养功能的唤醒。事实上创伤事件也带来了反思契机，家庭变故后菊子进行了长期且深刻的自我剖析。在对自己的成长进行回顾时，菊子将自我打破重新整合，就好像将前几个阶段重新经历了一次，中年危机在这里转变成了成年人的自我养育。

第八阶段（成年晚期）：完善（积极）与绝望（消极）

这一阶段的心理发展任务是获得完善感。成年晚期也是我们平时所称的老年期，老年期可以从退休算起，也可以由个体界定自己步入老年的年龄。如果前面七个阶段中，所获得的积极感受多于消极感受，个体在成年晚期更容易体验到完善感，他们回顾自己的一生，觉得这一辈子过得有价值，生活得有意义。与之相反，如果个体感到一生走错方向，后悔不已，萎靡不振，则会产生绝望感。

老年生活，始终伴随着身体能力的持续下降，记忆与思维能力的不断退化，社会交往范围的逐渐收缩，最终不得不面对生命的必然逝去。个体如何感受自己的一生，如何看待生命的价值和意义，直接影响着其晚年生活的总基调。个体一生中所收获的与所失去的，对个体而言具有同样重要的价值。能够理解自己的遭遇，理解自己的作为，理解人生轨迹的必然性，个体内在便会升起完善感。

秀平是一位 75 岁的老妈妈，她每天作息规律，坚持晨起走路，坚持合理饮食，坚持经典阅读。秀平闲暇时积极参加各种老年活动，有定期的诗歌写作，有偶尔的歌咏比赛，有受邀的故事分享，也有每天的绘画小练笔……秀平的生活很充实，她还有一个非常好的习惯，那就是每日“三省吾身”。这并不是一种刻意的自我检讨，而是一种习惯化的自我确认。这种确认不仅涉及当下的生活，也涉及对以往的回顾，秀平在这种持续的确认中，可以像看待子女的成长一样，去观察自己的成长历程，也可以看见未来的改进空间……

埃里克森的人格发展阶段理论，其重点在于由人际关系推动的内在情感体验，这些体验来自个体所面对的阶段性社会任务。个体早期的情感体验尤为重要，对世界的基本信任感、身体活动的自主感、发起行为的主动感，都在七岁之前完成了建构。这些体验作为稳定的内在基础，使个体成为独立的行为主体，使个体能够与外界展开积极互动。

七岁后个体情感体验进一步发展，以下情感依次出现：自发探索外界的勤奋感、同伴参照中确认的自我同一感、恋人之间平等和谐的亲密感、事业与家庭中创造性成果带来的繁衍感以及人生充满意义带来的完善感。

早期心理建设是个体“独立”的关键因素，“三岁看大，七岁看老”的说法不无道理。早期体验积极、协调与稳定，既可以帮助个体更好地探索世界、发展亲密关系，以及承担社会责任，还可以帮助个体在成为父母之后，重视下一代的早期体验，完成代际间的良性循环。

认知发展阶段

埃里克森的人格发展理论中，以自我意识为核心的人格结构在完成不同阶段社会任务时，通过人际互动发展起来。每个阶段个体都有需要获得的心理品质，它们是人类特有的深刻的社会性情感体验。

人际之间的互动推动着情感发展，人与物质世界的互动推动着思维的发展。恩格斯在《自然辩证法》中写道："地球上最美的花朵——思维着的精神。"人类正是运用思维去探究隐藏在事物内部的规律。

间接性和概括性是思维的基本特征。婴幼儿开始运用动作表达意愿时，动作就成为一种具有象征功能的符号，其心理活动就具有了最初的间接性。婴幼儿能够对一类事物做出相似反应，或者用事物的某一特征来概括整个事物时，其心理活动就具有了最初的概括性。用棍子去拨远处的物体，或者把狗称为"汪汪"，这些智慧型反应都是思维的表现。

人类思维的发展也具有阶段性。婴儿如何发展成为可以用语言、符号和逻辑进行推理的成人呢？瑞士心理学家皮亚杰提出了认知发展阶段论，他认为思维发展像身体发育一样，遵循着某种既定顺序。只有个体达到某个特定阶段，其相应的思维能力才会出现。

皮亚杰是心理学史上最有影响的人物之一，他最早攻读生物学，致力于研究动物适应环境的先天能力，后来在世界上第一个心理实验室，对一项推理测试进行标准化。皮亚杰注意到，测验中同龄儿童出现的错误相同，也就是说他们使用了同样的推理，由此他认为不同年龄段儿童所使用的认知策略是不同的。其后皮亚杰一直致力于儿童智力发展的研究，著名的认知发展理论因此得以产生。

皮亚杰认为，认知发展可以分为四个阶段，并且在不同文化环境中，儿童认知发展阶段顺序相同，年龄阶段基本一致。这四个阶段分别为：

感觉运动阶段（0 ～ 2 岁）：通过身体感觉和物质运动，展开与外界的互动，思维与身体及运动同步发展，开始形成客体永久性概念。

前运算阶段（2 ～ 7 岁）：思维与运动分离，出现非逻辑的象征性思维，认为所有客体都有思想和感觉，出现自我中心式思维，不能从他人的角度看世界。

具体运算阶段（7 ～ 11 岁）：逻辑思维开始发展，能对客体进行分类，能够根据数学法则进行运算，但分类与运算的对象仅限于现实具体客体，可以理解面积与体积的守恒，可以推断他人的感受和想法。

形式运算阶段（11 岁以上）：逻辑思维拓展到假设概念和抽象概念，能够借用隐喻和类比进行推理，能够探讨价值观、信仰以及哲学问题，能够思考过去和未来，个体在此阶段的发展水平差异很大，有些人甚至根本达不到这一阶段。

在对这四个阶段做详细解读之前，我们需要理解一个概念：客体永久性，即物体离开个体感知范围，个体依旧认为它是客观存在的。客体永久性非常重要，它是个体进行内部思维和问题解决的基础。皮亚杰以实验证明，婴儿在八个月左右才开始发展这种能力。

感觉运动阶段（0～2 岁）中的思维发展成果，是幼儿逐步形成客体永久性概念。皮亚杰在游戏中，对幼儿问题解决能力，以及在游戏中所犯错误进行观察，他认为存在与客体永久性发展有关的六个小阶段。

阶段一（0～1 个月）：此阶段中，新生儿对喂养和接触有行为反射，但没有任何与客体永久性有关的迹象。

阶段二（1～4 个月）：此阶段中，婴儿开始重复以自己身体为中心的各种动作。如果婴儿的手偶然碰到了脚，他会有意反复做出同样的动作。婴儿会用眼睛追随物体，当物体离开视野时，他的视线会继续停留在物体消失的地方。皮亚杰认为这些行为是客体永久性概念形成的前期准备，因为此时婴儿不会去寻找消失了的物体，他会把注意力转移到别的物体上。对婴儿而言，物体不是永久客体，仅仅是一个表象，一旦消失就无迹可寻，有时却又莫名其妙地出现。

阶段三（4～10 个月）：此阶段中，婴儿有目的地反复操纵偶然遇到的物体，把它们拿到眼前，仔细观察并放进嘴里。婴儿快速眼动能力开始发展，眼睛能追踪迅速移动或落下的客体，看到了物体的一小部分，便开始寻找物体的其他部分。这个阶段的后期，客体永久性的信号首次出现。

吕西安娜九个月时，我给了她一只她从未见过的树脂玩具鹅，她立刻抓住将鹅仔细研究了一遍。我把鹅放在她旁边，当着她的面用布把它盖住，有时候盖住全部，有时候露出鹅的脑袋。吕西安娜做出了两种截然不同的反应。倘若鹅在视野中完全消失，吕西安娜即便马上就要抓住它了，她也会立即停止对鹅的搜寻。但倘若将鹅的一部分露出来，她就不仅会抓住看得见的部分，把鹅拽到她面前，而且有时为了抓住整只鹅，她会预先掀起用于遮挡的布。即使只看见鹅嘴，她也数次将布掀起，但在鹅完全藏起来时，吕西安娜从不试着掀起那块遮挡布。

这是皮亚杰对女儿的观察。对这个阶段的婴儿而言，对物体进行重新组合，比寻找完全看不见的物体容易得多。物体的存在不具有独立性，物体与婴儿自己的行动及感知联系在一起。换句话说，婴儿认为物体只露出一部分的原因，是由于物体正在消失，而不是被其他物体所掩盖，客体永久性概念还未完全形成。

阶段四（10～12 个月）：这个阶段的最后几周，婴儿已经知道，即使客体不在视线内，客体依然存在。婴儿会想方设法主动寻找被完全隐藏的客体。这似乎标志着客体永久性概念已经形成，但皮亚杰认为，这种认知技能尚未得到全面发展，因为儿童仍然不具备理解“可见位移”的能力。

杰奎琳十个月大时，我让她坐在床垫上，我从她的手中取走玩具鹦鹉，并连续两次藏在她左边的床垫下（位置A），她两次都找到鹦鹉，并抓在手里。然后我又从她的手中拿走鹦鹉，在她面前慢慢地移到她右边的床垫下（位置B），杰奎琳非常专注地看着这个移动过程。但是当鹦鹉在B位置消失以后，她却转向鹦鹉以前消失的左侧（位置A）去寻找。

婴幼儿脑中的事物概念与成人脑中有所不同。鹦鹉最初被藏在位置A，然后婴儿在位置A找到了它，于是鹦鹉的概念就变成了在A位置的鹦鹉。换句话说。在十个月大的婴儿的脑海里，鹦鹉仅仅是整个画面中的一部分，而不是一个单独存在的整体，也不是独立于她行为的永恒存在物。

阶段五（12～18个月）：大约从一岁开始，幼儿可以追踪物体连续可见的位移，并且能在物体最后出现的地方找到它。由于幼儿还不能理解“不可见的位移”，皮亚杰认为真正的客体永久性概念还未完全形成。

18个月大的杰奎琳坐在小毯子上，高高兴兴地玩弄着一个土豆。对她来说，土豆是一个新玩意儿，她把土豆放在一个空盒子里，又把它拿出来，玩的不亦乐乎。然后我当着她的面把土豆拿过来，放在盒子里，然后把盒子放在毯子下面，把土豆倒出来藏在毯子下，最后取出空盒子。虽然杰奎琳一直盯着毯子，也知道我在毯子下面做了点手脚。当我对她说，给爸爸土豆时，她开始在盒子里寻找土豆，还抬头看看我，又看了一会儿盒子，再看看毯子，但她并没有掀起毯子去寻找下面的土豆。

连续五次的实验得到的结果都是这样。

阶段六（18～24个月）：进入感觉运动阶段末期时，幼儿客体永久性概念彻底形成，他们能够找出经过“不可见的位移”的物体。

杰奎琳19个月时，已具有构想物体被隐藏在重重障碍之下的能力。我把铅笔放在盒子里，用一张纸把盒子包起来，再用手帕裹好，最后用贝雷帽和床单把它罩起来。杰奎琳掀开贝雷帽和床单，然后再解开手帕，却没有立即发现盒子。但是她继续寻找，显然她已知道盒子的存在，最后她察觉到了纸，并立刻明白了其中的奥妙。她撕开纸，打开盒子，找到了铅笔。

皮亚杰认为，客体永久性这种认知技能是真正思维的开始，幼儿在此基础上学会运用洞察力和符号来解决问题。只有幼儿既能理解视野里消失了的客体依然存在，也能理解客体移动到了哪里，他才能同现实世界的整个时空组织，以及因果关系密切联系在一起。

前运算阶段（2～7岁）中的思维发展成果，是能够进行象征性思维。这一阶段的儿童已经积累了大量感知和动作经验，这些经验内化为头脑中的形象。这种事物不在眼前，头脑里浮现出的事物形象被称为表象。伴随着言语的发展，儿童开始频繁地借助语言和表象来描述外部世界和不在眼前的事物。

5岁的晓晓和妈妈一起乘坐火车，妈妈不和自己说话的时候，晓晓感觉有些无聊。于是她把妈妈的手臂摆放好，假装妈妈是一个需要输液的病人。晓晓一边很细致地做着皮肤擦拭、扎进针头、贴上胶带以及检查滴速，一边自言自语地描述自己正在做的每一步，同时还安慰“病人”不要害怕，自己动作会轻一点……

晓晓在游戏中扮演了医生，她的扮演惟妙惟肖。通过一系列动作、姿势、表情、语气等，晓晓自主表达了自己对现实生活的认识和体验，同时也重新构建了自己对“医生”职责与情感的理解、对“病人”体验与情感的理解。这是儿童象征性功能在游戏中的成熟表现。

这个阶段的思维局限是自我中心化。这个时期，儿童的思维主观色彩浓厚，他们往往从自己的角度出发来理解事物。自我中心化的思维特点，在儿童的语言、行为和态度中都可以表现出来。两个幼儿很投入很认真地聊天，但双方的谈话内容可能毫无关系，两个人都是在自说自话。幼儿在玩捉迷藏的时候，如果把头藏起来，自己看不见别人，就以为别人也同样看不见自己。儿童自己碰了桌子，自己疼也会认为桌子疼，还会向桌子道歉。此时“万物有灵”的态度也是来源于由己推人的自我中心化思维。

皮亚杰著名的“三山实验”，验证了儿童思维的自我中心性。使用一个有三座山的盆景模型，三座山颜色不同，一座山上面有间房屋，一座山山顶上有个红色十字架，一座山上面覆盖着白雪。盆景模型放在桌子中央，三个幼儿分别坐在桌子的三边，分别可以看到盆景中面向自己的那座山，一个洋娃娃坐在第四边。孩子们观察盆景之后，皮亚杰向幼儿出示从不同角度拍摄的三座山照片，让幼儿挑出洋娃娃所看到的画面，结果所有幼儿选择的照片中，都是他自己所看到那一侧风景。

具体运算阶段（7～11岁）中的思维发展成果，是能够进行守恒和逆向思维。上一个阶段，儿童难以从具体的感知觉中解放出来，他们不能理解的是，当事物从一种形态转变为另一种形态时，物质某些方面的特征可以保持不变。儿童不能理解守恒的原因，在于他们还不能进行逆向推理。在具体运算阶段，物质的守恒性与思维的逆向性都已经具备，但思维过程依旧离不开具体事物的支持。

向儿童呈现两只相同的玻璃杯，里面装有等量的水。告知儿童两个杯中的水等量，在其确信之后，将其中一杯水倒入第三只更高更窄的杯里。前运算阶段的大多数儿童，倾向于认为第三只杯子里的水更多，因为杯中的水看起来更高。他们之所以只从高度来判断，因为他们无法在头脑中将水重新倒回去。具体运算阶段的儿童，已经可以在头脑中对表象进行可逆操作，他们由此知道水的多少没有改变。

上面有关守恒的问题，是用实物来呈现的，这是具体运算阶段儿童比较喜欢的方式。如果提问方式不够具体，这个阶段儿童的回答会受到影响。比如提问 A 大于 B，B 大于 C，C 大于 D，哪个最大？他们可能难以回答。但如果问四个小朋友，雨雨比乐乐高，乐乐比壮壮高，壮壮比凯凯高，哪个小朋友最高？他们会毫不犹豫地回答雨雨最高。具体运算阶段儿童的思维，仍必须有具体事物的支持。孩子能理解可以看见、触摸，或者至少能在脑海里浮现出来的物体，以及物体之间的关系。

形式运算阶段（11 岁以上）中的思维发展成果，是能够借用隐喻和类比进行推理。这个阶段的个体，开始摆脱对具体事物的依赖，可以利用符号进行思维。思维的抽象性与假设性逐步发展，能够探讨价值观、信仰以及哲学问题。但个体在此阶段的发展水平差异很大，有些人甚至根本达不到这一阶段。

两个火车站相距 100 公里，某天下午两点，两个火车头相向开出，一个火车的速度为每小时 60 公里，另一个的速度为每小时 40 公里。当火车头开始行走时，一只鸟突然出现在第一个火车头前面，并向第二个火车头飞去。当鸟到达第二个火车头时，它又立即以原来的速度向第一个火车头飞去。鸟儿以每小时 80 公里的速度在两个火车头之间来回飞。问这两个火车头相遇时，鸟飞了多少公里？

如果这样思考问题，在火车头相遇时，它们行走了多少时间？既然一个火车头每小时走 60 公里，另一个火车头每小时走 40 公里，而他们相距 100 公里。那么它们将在一个小时后相遇。鸟的飞行速度是每小时 80 公里。因此在火车头相遇时，鸟已经飞了 80 公里。这里不需要演算，光凭思考就完成了。

有一个人去爬山，在山里住了一晚，第二天他按原路返回。第一天上山，从山脚出发的时间是早晨八点，到达山顶的时间是下午两点。第二天从山上出发的时间，是早晨十点，到达山脚的时间也是下午两点。问题是：这个人有没有可能，在上山下山途中，在同一时间经过了同一地点？

因为上山下山都不是匀速行走的，我们很难做公式运算。如果我们想象有两个人，一个上山一个下山，出发及达到时间都与问题中的信息一致，因为走的是同一条路，他们必然会在路上相遇，相遇之时正是在同一时间经过了同一地点。依据了一种形象化的假设，问题就得到了解答。

谈到更加抽象的问题，禅宗上一个非常著名的故事：旗幡在风中飘动，一个和尚说："风在动"，另一个和尚说："幡在动"，两厢争执不下，六祖慧能出言："心在动"，众人皆称奇。我们的眼睛可以看见旗幡在动，我们的皮肤可以感受到风儿在动，六祖却说不是幡动也不是风动，而是我们的心在动。

这些涉及哲学思辨，以及世界观的问题，并不是所有的人都感兴趣，或者说并不是所有的人能够对此进行思考与讨论。

情感与思维

关于意识的觉察，我们知道它有四种觉察方式，即感觉、直觉、情感与思维。感觉与直觉作为对内外信息进行收录与登记的方式，被称为意识的非理性觉察功能，情感与思维对信息做出进一步判断，被称为意识的理性觉察功能。

埃里克森的人格社会发展阶段论，详细论述了在完成社会发展任务的过程中，个体需要面对的心理冲突，以及在解决冲突时发展出来的情感功能。虽然这里同样使用了"功能"一词，但熟悉埃里克森的理论之后，我们知道他的重点在于，揭示不同阶段中成熟的心理品质包含了哪些体验性内容。

皮亚杰的认知能力发展阶段论，详细论述了在智力发育过程中，个体借助于身体动作，形成对外部世界的内部表征，进而运用表象与语言的象征性，最终可以进行抽象性与假设性的思考，这样的思考可以通向人类的终极问题——我是谁？我从哪里来？我到哪里去？

感觉、直觉、情感与思维是意识的四种觉察方式。情感与思维，作为觉察方式没有好坏之分。但埃里克森阶段论中的情感内容，却有可能出现发展的滞后性。早期心理建设不顺利，后期就难以完成各阶段的发展任务，皮亚杰的思维发展阶段也是如此。两位心理学家的理论，描绘了个体情感与思维发展在每个阶段的理想状态，我们可以据此对个体的发展水平做出评估。

使用埃里克森阶段论的角度进行观察，婴儿在发展中，到底修正了早期"主体"性感受的哪些内容？好与坏的极端体验中，"好"的一端正是第一阶段基本信任感建立的基础，母亲对婴儿内在体验的情感确认带来了这一切。全能控制感一旦建立现实边界，就发展成第二阶段的自主感，幼儿在身体节律和动作控制中可以体验到这种感受。"坏"体验的向外投放，必须面对物质运动的稳定逻辑，因为可以甩锅给人，难以甩锅给物。但投放本身蕴含的驱动力，能够促进幼儿发起行为，因此修正后的投放可以获得第三阶段的主动感，埃里克森理论前三个阶段的时间跨度，正好涵盖了个体从出生到六岁的时间，也是"七岁看老"中的七（虚）岁前的时段。

皮亚杰思维阶段论的角度，也与早期“主体”性感受的修正相吻合。修正的重点在于，感受必须符合现实的检验，而不是沉浸在我与母亲共生，或者我与万物共生的幻想里。两岁前的幼儿需要逐步建立客体永久性概念，完成物质客体在主体感受中的独立。两到七岁之间的幼儿，需要逐步克服自我中心化，完成情感客体在主体感受中的独立，在彼此独立的前提下，主体才有可能感受到他人的角度。

本章内容简要回顾

埃里克森将人格发展分为八个阶段，每个阶段都有自我发展任务，完成任务可以增强自我力量，让个体更好地适应关系。不能完成任务，个体会产生消极体验，也会影响到关系的适应。0 ～ 1 岁：基本信任与基本不信任。1 ～ 3 岁：自主与羞愧。3 ～ 6 岁：主动和内疚。6 ～ 12 岁：勤奋与自卑。12 ～ 18 岁：自我同一性与角色混乱。成年早期：亲密与孤独。成年期：繁衍与停滞。成年晚期：完善与绝望。

皮亚杰认为不同年龄段儿童认知策略不同，他将认知发展分为四个阶段。2 岁前：通过身体感觉和物质运动，展开与外界的互动，形成客体永久性概念。2 ～ 7 岁：思维与动作分离，出现象征性思维和自我中心式思维。7 ～ 11 岁：逻辑思维开始发展，分类与运算仅限于现实具体客体。11 岁以上：逻辑思维拓展到假设概念和抽象概念，能够借用隐喻和类比进行推理。

觉察方式与觉察内容不同。感觉、直觉、情感与思维是意识的四种觉察方式。情感与思维，作为觉察方式没有好坏之分。但埃里克森阶段论中的情感内容，以及皮亚杰阶段论中的思维内容，却有可能出现发展的滞后性，早期发展不顺利会影响后期的发展。

第三章

个体生命早期的重要议题

埃里克森的人格社会发展理论，以及皮亚杰的认知发展理论，让我们可以纵观个体一生，对人类情感与思维的发展形成整体认识。前文还讨论了生命最早期的婴儿“主体”性感受，及其面对现实挑战时不能回避的修正任务。不知道您在阅读中是否有这样的疑惑：为什么讨论中没有出现父亲？

婴幼儿成长过程中，父亲与母亲起着同样重要的作用，本章接下来的几个重要议题均涉及父母双方。这些议题包括：成长环境中的母性与父性功能、家庭中的关系模式、个体从家庭关系中独立，以及女性成长与男性成长。

这些议题看起来都较为抽象，似乎它们更适合于，那些已经经历过家庭组建和子女养育，并且对性别角色有过深入思考的人。实际情况并非如此，每一个婴儿，一出生就处在某种家庭氛围之中，就处在某个性别分类之中，他们一直浸泡在这些议题所涉及的内容中，真切地感受着它们。这些感受一直在婴儿内在蛰伏，只有人生旅途走到某些时刻，它们才会浮出水面。

人类大脑进化中，情绪中枢的发展远早于思维中枢，个体大脑发展中，主管情绪记忆的杏仁核的发育，也早于主管情景记忆的海马体。也就是说在幼年时期，我们可能记住了某些情绪，但难以记住引发这些情绪的情景，并且在不能使用语言去提炼和表达的时候，情绪记忆可能弥漫性地储存在身体里。

大多数孩子长大之后，对自己婴幼儿时期的记忆比较模糊，尤其对两三岁之前生活的记忆几乎完全空白。记忆的空白之处主要是那些具体的生活情景，情绪体验与身体感受则会一直储存下来，在个体一生的成长中发挥作用。

婴儿受到的影响不仅来自家庭，也来自家族以及社会文化生活，个体像金字塔的塔尖，家庭、家族、民族、文明是塔尖下的一层层塔基，支撑着个体的生命，铺陈开个体的生活。用人类发展历史来类比个体的成长历程，远古时期的人类正对应着个体生命的早期状态。任何文化背景下的神话与传说，都以象征性的方式，表达着本文化的核心模式，因此接下来的讨论中会出现一些对神话故事的解读。

分离·一生三

“主体”感是一种包含控制感、评价感和行动感的综合体验，是一种类似“主人”的感受。我们拥有一件物品，意味着可以掌握它的构造与使用方法，可以评价它的性能以及带给自己的体验，当然还可以使用它做自己想做的事情。

刚出生的婴儿，内在世界与外在世界同处一片混沌。在之前的猜想中，婴儿最早体验到全能控制感、非黑即白的分裂感、“坏”体验的向外投放，这些感受正是“主体”所需要具备的控制感、评价感与行动力。母亲的容纳（或其他重要养育者的容纳），使这些感受在婴儿身上可以存在并得到整合，婴儿因此也可以作为“主体”来拥有这些感受。

婴儿不切实际的“主体”性感受，在与现实情景的互动中，必然遭遇各种挑战与冲突。现实情境带来挑战也带来机遇。母亲对婴儿内在体验的情感确认，幼儿身体节律的形成和外部动作的自主控制，以及幼儿与物品互动中稳定的逻辑反馈，这些都帮助婴幼儿对早期“主体”性感受进行修正。在外界挑战与冲突的持续推动下，婴儿成长到可以使用代词“我”，来表达作为主体的“自己”，这标志着其自我意识的建立。

婴幼儿有了“主体”性感受，有了“自己”，可以使用代词“我”，这是一个持续发展的，和世界不断分离的过程。作为物质层面的自己，也就是个体的身体，从出生的时候就已经和母体分离，但婴儿在认知上并不知道这种分离，所以无论“主体”“自己”还是“我”，这些词也是在描述一种觉察能力，即婴儿可以觉察到自己与母亲的分离。

婴儿有了觉察能力，可以把自己和外界进行区分，知道自己是有边界的，边界之内是自己，边界之外是外界。物质层面的区分比较容易一些，婴儿慢慢认识到自己身体的边界之后，也会慢慢认识到母亲身体的边界，以及其他外在事物的物理边界。

感受层面的区分比较困难，或者说建立心理的边界感是一件不容易的事情。母亲的情感呼应使婴儿内在体验得到确认，婴儿可以安心拥有它们，并且慢慢识别母亲情感与自己情感的差异，借此建立心理的边界感。也就是说婴儿的觉察能力，也可以觉察到自己和母亲在内在感受上的不同。

与母亲在物质层面和心理层面进行分离，也象征着与整个世界进行分离，这个看起来“一分为二”的过程中，蕴含着“一分为三”的角度。这里的“三”分别是：可以觉察的我、我、世界，也就是说，因为存在一个有觉察能力的我，才觉察到了我和世界之间的不同，进而将我和世界之间的边界建立起来。“自我意识”也是如此，存在一个有意识觉察能力的我，才意识到“自己”的存在，以及“自己”与世界之间的区别。

心理的核心功能是意识的觉察功能，身心灵浑然一体的初生婴儿，意识的觉察之光开启，婴儿觉察到“自己”的存在，这是一件“石破天惊”的大事情。因为意识觉察的开启，“浑然一体”开始“一分为二”，同时也造就了“一分为三”的角度。这里的“三”就是万物，因为觉察意味着区分，能区分自己和外界，也意味着可以区分万物之间的差异。有了内外之分或者你我他之分，才可能建立内外之间或者你我他之间的联系，因此觉察意味着区分，也意味着联系。

有诸于内，必形诸于外。与内在的“一分为三”相对应，婴儿终将觉察到，自己外在的人际关系，也是一种三角关系，那就是母亲、父亲和婴儿自己。有了觉察能力的婴儿，可以看到自己与母亲的不同，也可以看到自己与父亲的不同，同时也能看到母亲与父亲的不同。

“母婴共生”是没有觉察和区分的状态，它不是特指婴儿与母亲的融合，而是以这样的融合象征“没有觉察”。婴儿没有自我觉察的时候，处于“母婴共生”状态。其他没有自我觉察的人，也都处于这种状态，无论这个人现实的身份是什么。他可能是某位家庭成员，也可能是某位同事朋友，也可能是某位合作伙伴，或者其他任何人……打破“母婴共生”，获得独立的觉察，并尊重觉察到的差异，是个体需要终其一生的自我修正。

上面的讨论涉及了“母婴共生”的象征意义，就现实情境而言，“母婴共生”阶段是婴儿发展中的必经阶段。现实中婴儿与母亲分离，有一个非常理想的助推者，那就是婴儿的父亲。在生命的源头，母亲与父亲拥有同样的位置，从根本上讲，婴幼儿的内在关系是一个平衡的三角关系，而父亲是那个不可或缺的力量，这个力量可以打破母婴共生，并维持婴儿内在的平衡。

下面的讨论都基于上述两个前提，一个是婴儿内在觉察能力所构建起来的“一分为三”的角度，一个是婴儿外在现实中的父亲、母亲与婴儿的三角关系。

母性功能·父性功能

看到新生命的降临，每一个人都会感到欢欣鼓舞。婴儿可以识别出母亲和父亲，让每一对父母倍感喜悦。孩子从独立行走到独自去幼儿园，父母一路陪伴，既疼惜又欣慰。

父母可以观察到孩子点点滴滴的成长，婴儿又是怎样去感受父母的点滴呢？我们先对养育过程中母性功能和父性功能做个讨论，再来感受一下婴幼儿与父母互动中的内在状态。

婴儿刚出生并不能识别母亲，也不会在行为上表现出对母亲的偏爱。3 个月前的婴儿喜欢所有的人，听到人的声音或者看到人的脸，都会微笑和手舞足蹈。3 至 6 个月的婴儿，开始对母亲表现出更多的微笑和咿呀学语，对其他家庭成员反应相对少一些，对陌生人反应更少，但这时婴儿还不怯生。6 个月开始，婴儿特别愿意与母亲在一起，婴儿与母亲分开会感到痛苦不安，母亲回来时会感到开心快乐，面对陌生人会表现出强烈的焦虑与恐惧。婴儿与母亲之间特殊的情感联结一直持续到 3 岁左右，心理学将这种特殊联结称为“依恋”。

婴儿可以识别出母亲的同时，也可以识别出父亲。父亲通过大动作活动带给婴幼儿强烈的身体刺激，帮助其感知内外世界。父亲敢于冒险探索、勇于克服困难、富有进取心、富有合作精神，可以促使儿童自信、勇敢品质的形成，也可以促进他们规则和规范意识的形成。德国哲学家弗罗姆说：“父亲虽不能代表自然界，却代表着人类存在的另一极，那就是思想的世界，科学技术的世界，法律和秩序的世界，阅历和冒险的世界。父亲是孩子们的导师之一，他指给孩子通向世界之路。”

母亲孕育了生命，照顾着个体成长中的生活细节，以及激荡起来的各种情绪。谈到母亲，我们往往会感受到情感上对母亲的深深依恋。父亲带领孩子开展身体运动和对外在世界的探索，帮助孩子养成勇敢、坚强、果断、有魄力等意志特征。谈到父亲，我们会感受到力量、规则与秩序。

《山海经·海内东经·郭注》中记载：“大迹在雷泽，华胥履之而生伏羲。”《山海经·大荒西经》中描述：“有神十人，名曰女娲之肠，化为神。”伏羲与女娲是华夏民族的始祖，他们人身蛇尾，我们因之也自称为龙的传人。女娲是娲皇始祖，是神的创造者，也是万民的创造者。伏羲推演先天八卦，解释天地万物的演化规律与人伦秩序，造书契、正婚姻、教渔猎，开创文明。

无论是上古神话里的伏羲与女娲，还是每个家庭中的父亲与母亲，亘古至今，父性功能都是建构与超越，母性功能都是孕育与涵容。自然状态下的母性功能与父性功能，对婴幼儿的成长给予了强有力的支持。但婴幼儿依旧需要面对无法回避的巨大挑战。

婴幼儿面临的第一个挑战，是他们可能成为父母的“哺育者”。如同现实中没有危险识别和自我防护的能力，婴幼儿在心理上也是如此。小小的婴孩，像一个容器，也像一个海绵，没有分别地吸纳着周遭的一切。环境中如果父母有着良好的养育功能，孩子可以得到来自父母双方的滋养，如果父母的养育功能不好，那么提供滋养的一方就会是孩子。

孩子一出生，母亲、父亲和孩子之间的三角关系就已经形成，这个关系就像一个封闭起来的，能量可以在内部流动的三角形。自身成长任务完成很好的父母，会展现出自然的养育功能来支持孩子的成长，但如果父母内在匮乏，婴幼儿将不得不在心理上反哺父母。试想一下，如果一位母亲对孩子说：“我活着都是为了你。”孩子该怎么办？母亲的话似乎是在表达爱，但带来的却是不堪重负的压力，甚至是勒索，小小孩童怎么能肩负两个生命？

也可能母亲并不说些什么，但孩子知道母亲不快乐，孩子该怎么办？孩子会竭尽所能让母亲快乐。孩子接纳父母关爱的时候，没有标准来判断自己需要多少就够了。孩子将关爱给予父母的时候，也同样没有标准判断自己给出多少就够了。如果父母不能为他们自己而活，孩子也没有办法为自己而活。母性功能可以孕育与涵容，但在消极层面上它也可以吞噬与毁灭。父性功能可以建构与超越，但在消极层面上它也可以解构与束缚。

如何发挥良好的母性功能与父性功能？依据埃里克森的发展阶段论，婴幼儿阶段是建立信任感、自主感与主动感的阶段，而婴儿的父母，此时正好处于延续亲密感与获得繁衍感的阶段，父母与孩子都有属于自己的成长任务。

之前曾经提到：养育者是婴儿的一面“镜子”，养育者给予婴儿恰当的情感呼应，可以帮助婴儿形成“主体”，从混沌一片的世界中将自己分离出来。事实上婴儿也是父母的一面“镜子”，父母需要婴儿照见自己那些在成长中没有被满足的内在需求，那些在成长中没有完成的发展任务。陪伴新生命成长，父母的生命价值观逐渐变得真切与立体。

尽管大多数父母不认为自己生孩子抱有什么目的，或者大多数父母说不清楚为什么生孩子。也许是认为有孩子的家庭才正常，也许是认为代代相继的“我养你小，你养我老”，也许是认为孩子是家庭的维系，也许是认为孩子是自己生命的延续，也许是认为自己吃过很多苦，希望有个小孩自己可以不让他吃苦，也许是认为陪伴生命成长本身是一件美好的事情，也许没有想法，孩子不期而至……

当然还存在其他的原因，或者说同时有好几个原因，让父母想拥有自己的宝宝。很多时候父母并不清楚自己的所有动机，但父母的养育始终在做一件事，那就是帮助孩子独立，帮助孩子离开自己。孩子艰难的独立过程，也是父母不断澄清自己动机、明了自己需求的过程。父母对自己的动机与需求越清晰，就越能避免从孩子身上索取这些，最终完成自己与孩子的分离。

孩子与父母在彼此的照见中，都在完成着属于自己的分离任务。孩子从混沌中分离出来，形成自己的觉察能力。父母完成对自己生命价值观的觉察，在现实中接受孩子的独立。分离是建立关系的前提，只有双方都拥有边界感，才有机会建立真实而平等的关系，双方才能够成为彼此的支持性力量。

婴幼儿面临的第二个挑战，是母性功能与父性功能之间的协调。母性功能是孕育与涵容，父性功能是建构与超越，父母精心呵护下的婴幼儿兼具涵容与超越两种品质。当然也可以说，母性功能更倾向于内在情感世界的包容与支持，父性功能更倾向于外在物质世界的规则与突破，母性与父性的协调也象征着情感与思维的协调。

情感与思维是意识的两种理性觉察方式，在理性判断中，情感进行价值评估，思维进行逻辑命名。这两种理性觉察方式，所有人都拥有，并没有优劣之分。情感与思维如果能够彼此协调，情感发展中就可以避免吞噬性消极母性功能的出现，思维发展中就可以避免束缚性消极父性功能的出现。

对婴儿而言，情感与思维的协调并不容易。婴儿早期的全能控制感在遭遇现实挫折的时候，会激发出强烈的情绪体验。无论情绪是恐惧、愤怒，还是沮丧，它们都具有淹没性、席卷性或者渗透性。遭遇到情绪风暴时，思维更容易成为情绪的避风港。作为避风港的思维，其内容会具有显而易见的不合理性。比如有位中年男士，三位亲人在两年之内相继去世，其中有男子的母亲、大哥与三哥，虽然三位亲人的去世都是因为常年积累的病症，但男子依旧陷入极度的恐慌。他心里有个念头在不断重复“一、三、五；一、三、五”，他认为依据这样的排序，下一个死亡的就是他自己了，因为家里五个孩子都是男孩，而他恰恰排行第五。

作为成年人，男士的想法看起来有些荒诞。简单地将数字进行排序，强行形成规律来预言未来的事情，这自然是不合理的想法。在这里我们似乎很难分清楚，男士是因为恐惧才有了这个念头，还是因为有了这个念头才恐惧。最有可能的情况是，亲人接二连三去世，潜伏着的死亡恐惧被激活，恐惧情绪强烈而弥漫，男士需要抓住一些稳定的，不容易消失的东西做支撑。“消失”意味着“死去”，“不容易消失”意味着“活着”，那么能抓到的东西是什么？是那个一闪而过的念头，即使念头的内容有些荒诞也有些恐怖，但抓住这个念头，就抓住了一个稳定的存在，这比沉浸在无边的恐惧之中要好一些。

作为情绪避风港的不合理思维，是一种本能的自我保护，它对于个体而言是十分必要的。但不合理思维是经不起现实检验的，婴幼儿在成长过程中，需要不断摒弃不合理思维，逐渐发展出符合现实的思维方式和思维内容。合理的思维可以进一步促进个体情感的发展，而不只是作为强烈情绪的临时避风港。故事中的男士，在强烈恐惧中，激活了婴幼儿不合理思维模式，等到情绪有所缓解之后，那些念头也就没有存在的必要了。

婴幼儿面对的第三个挑战，是时刻相伴随的两极化内在情感的整合。这里的两种对立情感是指向同一个情感对象的，最典型的是孩子内在对母亲爱恨交加的情绪体验。在人伦道德上，很少有人对母亲提出指责，但在日常的亲子冲突中，或者母性功能的涵容与吞噬交替呈现时，孩子对母亲的内在情感是爱恨交织在一起的。

爱，意味着可以拥有生存的价值和资源；不爱，则意味着可能丧失这一切。婴幼儿与母亲最为亲近，承认对母亲的爱很容易，这是母亲乐于见到的，也是社会道德所鼓励的。如果母亲出现冷漠或忽视，婴幼儿内心会升起对母亲的负面情绪，但这恰恰也是婴幼儿难以承受的。因为他们宁愿认为自己不好，也不会承认母亲“不爱”自己。

虽然婴儿早期在非黑即白的极端评价下，会将“坏”的体验向外投放，但是随着现实情景互动增多，婴幼儿越来越能觉察到自己能力有限，这时他们反而会将“坏”的感受压抑下来，或者将“坏”的感受归结到自己的身上。也就是说，当婴幼儿一旦感受到自己对母亲的恨意，就会将恨意压抑下来或者认为是自己不对，是自己可恨。

对母亲的爱恨交加，最终演变为对自己的爱恨交加。只有接受母亲既是好的也是坏的，自己既是好的也是坏的，在两种对立情感可以并存的情况下，孩子才能逐渐感受到母亲和自己基于真实的平等性。

还有一些对立情感，可能被婴幼儿同时体验到，他们依旧会压抑自己不易面对的那一方，使之变得隐隐约约，甚至变得不曾存在。比如离开母亲会感到恐惧，但又为自己不能离开而感到羞愧；比如因为父亲可以保护自己而自豪，又因为父亲的约束而愤怒；比如因为外在事物拥有规则与秩序而放松，又因为规则的权威性而紧张……

婴幼儿所必须面对的现实情景，尤其是与和父母互动中引发的情感冲突，给婴幼儿带来诸多整合性任务。从生物遗传角度来看，婴幼儿是父母双方基因的有机结合；从后天养育角度来看，婴幼儿需要整合父母养育方式的不同；从心理发展角度来看，婴幼儿不断协调着情感与思维的运作；从情感体验角度来看，婴幼儿需要容纳对立的爱与恨。

奥地利心理学家弗洛伊德认为，婴儿与母亲之间的关系独一无二，是最早最稳固的爱的关系，是今后所有爱的关系的模式。婴儿是否同母亲形成依恋以及依恋的性质，直接影响婴儿情绪、情感、行为、性格特征和社会交往态度。婴儿一旦建立起积极的依恋模式，就会经常欢笑，情绪活跃，很少哭闹，喜欢尝试新事物与新情境，成年后有积极、自信、勇敢、乐于与人相处的性格特征。

美国心理学家艾斯沃斯设计了一种特殊的“陌生情境”，来研究母婴依恋关系的类型。研究中的婴儿在12个月至18个月之内。实验流程是这样的：母子同时进入有许多玩具的陌生房间；母亲坐在一旁孩子自由玩耍；一个陌生人进入房间，设法与孩子玩耍；母亲暂时离开，只留下孩子和陌生人在一起；母亲回到房间，陌生人出去；母亲再次离开，孩子单独留在室内；陌生人进入房间，替代母亲的角色；最后母亲回到房间，陌生人离开，母亲鼓励孩子继续玩耍，并在孩子需要时给予安抚。

上述实验包含了八个步骤，在整个过程中，研究者观察了儿童对玩具的摆弄行为、儿童的表情和其他情绪反应，以及儿童与陌生人交往的倾向。根据婴儿的不同反应，发现婴儿的依恋有以下类型：

安全型依恋：婴儿很容易和母亲分开，在探索环境时很容易进入角色，当受到威胁或感到害怕时能够积极面对，也容易被母亲安抚，和母亲重逢后，向母亲愉快地打招呼。与陌生人相比，明显更喜欢母亲。

回避型依恋：母亲在场时，婴儿可以自己进行探索，和母亲重逢时婴儿回避和母亲接触，母亲持续接近自己时，不抵触母亲，但不主动寻求接触。和陌生人相比，并不明显喜欢母亲。

矛盾型依恋：婴儿探索行为较少，对陌生人警惕，在和母亲分开时表现出强烈沮丧，但母亲回来安慰自己时，却愤怒不已且难以平静。情绪不强烈的矛盾模式中，婴儿呈现出茫然、困惑或不安状态，在茫然中向母亲靠近。

婴儿与母亲日常互动中的依恋模式在实验中呈现出来。安全型依恋中，母亲已经内化为婴儿心中的安全基地，母亲是否在场，并不会过多影响婴儿的探索行为与情绪反应。回避型依恋中，母亲不是婴儿可以信任的基地，婴儿只能依赖自己。矛盾型依恋中，婴儿处于紊乱的状态，他不知道该依赖什么。实验中依据婴儿外在行为划分出来的三种依恋类型，与前文中婴儿觉察“自我”的三种模式是一致的。

1963年，耶鲁大学的米尔格莱姆做了极富盛名的“服从”研究，他假设人类有服从权威命令的倾向性，即使这个命令违背自己的道德和伦理原则。

研究招募被试，声称这是一项有偿的记忆研究。应征的被试包括 40 名职业各不相同的 20 至 50 岁男士，每位被试单独参加实验，报酬在实验开始前付清。

被试以为研究内容是学习中的惩罚效应，抽纸条决定师生角色时，被试以为是随机抽取，事实上被试一定会抽到老师，学生由研究人员扮演。学习任务是让学生记忆配对单词，回忆出错后老师（被试）给予电击，错误增加一次电压强度提高一级，从 30 伏递增到 450 伏。当然电击装置是伪造的，但被试以为是真实的。

预先的设定中，学生反应从平静改变至发出痛苦的叫喊，当电压达到 300 伏，学生猛撞墙壁并要求出去，电压超过 300 伏，学生完全沉默，不做回应。研究者记录被试做出拒绝的电击水平，作为对服从行为的测量。实验前耶鲁大学心理学学生对结果做了预测，大家估计最低是 0，最高是 3%，平均是 1.2%，即 100 个人中施加最高电压的不足三个人。

实验中，大部分被试会在某一时刻向主试询问是否继续，主试向被告发出一系列语气坚定的命令，让被试继续电击。实验结果令人惊讶，在主试命令下，所有被试都将电压提升到了 300 伏，尽管 14 名被试在达到最高电压前中断了实验，但仍有 26 名被试按照命令继续电击并使用了最高电压。虽然被试表现出极大的心理压力，甚至非常愤怒，但他们还是服从了命令。

这些同意参加实验的普通人，绝不是冷酷的虐待狂，但他们为什么会这样做呢？主试处于权威地位，但他到底有多少权利呢？他没有任何权利发号施令，被试拒绝执行也不会有任何损失。被试出现极度紧张和焦虑时，只要拒绝继续电击，不适感就会减轻，然而被试并没有拒绝。

实验完成后，研究者将实验目的及程序告诉了被试，被试也描述了为什么服从的原因：耶鲁大学的研究一定是好事情；因为我是志愿者，所以会尽力完成任务；学生也是自愿参与，他对自己负责；抽签决定我是老师，也有可能抽签我是学生；我拿了报酬，要尽量做好；我不知道心理学家以及被试的权利，只能服从安排；我被告知电击是痛苦的，但没有危险。

很显然，个体对于权威的服从倾向，远远超过人们的想象。实验中，个体对自身真实感受和情绪体验是压制的，并且寻找不同的理由说服自己去忍耐。父母是婴幼儿世界里最早的支持者，同时也是最早的权威者。日常生活中对权威的服从更加隐蔽与自动化，个体的情绪体验会被压抑或者被隔离，以至于个体完全不能觉察。

女性传承·男性传承

生命是一个全息的连续的过程，从出生直至老去，核心的成长任务一直都在，只是那些早年播下的种子，需要经过几番春生夏长、秋收冬藏，才能长成大树的样子。婴幼儿面临的诸多整合任务，也是个体需要终生面对的生命议题，在老年时期所获得的完善感也源于此。

婴幼儿时期，个体已经拥有意识的觉察能力，可以将自己与外界分开。基于觉察，婴幼儿可以分辨出外部世界的差异，与此同时也出现了内部整合的需求，需要将外在差异带来的冲突性感受整合在一起。这里的整合意味着在“一分为三”的觉察角度下，完成内部感受的“合二为一”。

作为华夏始祖的伏羲与女娲，他们一起出现时，大多呈现上半身人身分离，下半身蛇尾交缠的状态。湖南长沙马王堆汉墓出土的伏羲女娲帛画图，是目前发现的最早的图像，图像上伏羲女娲正是呈现出双尾交缠的形象。从已经发现的画像石、画像砖中还可以看出，伏羲女娲图起源于南方，由南向北，由东向西发展，在新疆吐鲁番墓群中也发现了伏羲女娲绢布图。

神话不能被简单地看作古人的迷信，或是后人的想象，又或是怀古幽情，神话是一种浓缩，它浓缩着人类的历史及意义，也浓缩着人类的心路历程，甚至浓缩着人类的生物构造。1953 年美国心理学家沃森与克里克，发现了生物遗传单元 DNA 的双螺旋分子模型，DNA 的缠绕方式与伏羲女娲人身蛇尾图不谋而合。

双螺旋结构有两条长长的纵链，它们之间排列着间隔有序的横链，纵横交错使整个结构不会因为螺旋的扭力和反转变得松散，反而会形成一个稳定、连续、平衡和交融的整体。

双螺旋结构是个体生物基因的构造单元，同样也是个体家庭关系的结合模式，以及个体内在体验的整合形态。家庭关系中，父母各自的家族力量就像是两条纵向长链，父母之间多层次的紧密互动就像是纵链之间的横向链接，孩子是父母家族和父母互动基础上孕育出的新事物，是对纵链与横链结合的最直观最典型的表达。观察个体所处的家庭关系模式，可以进一步拓展我们对婴幼儿成长任务的理解。

我们先看几个中国人耳熟能详的故事，看看故事里与家族相关的文化模型。这里选择的故事不是历史记载中的典故，而是民间流传的神话传说。它们的真实性不能被考究，但它们却因为顽强的生命力而代代相传，像文化基因一样融入个体的生活。

“牛郎织女”的故事几乎每一个人都听过，虽然流传着不同的故事版本，但基本的故事情节都是一样的。孤儿牛郎依靠哥嫂生活，嫂子为人刻薄，他被迫分家出来，靠一头老牛自耕自食。老牛知道织女和诸仙女下凡嬉戏，劝牛郎去相见。牛郎与织女相遇后结为夫妻，婚后他们男耕女织，生了一儿一女，生活美满幸福。不料天帝查知此事，命令王母娘娘押解织女回天庭受审。牛郎挑着儿女追赶，王母娘娘拔下金钗，划出一条波涛滚滚的银河。牛郎只能在河边与织女遥望对泣。他们的爱情感动了喜鹊，无数喜鹊飞来，用身体搭成一道跨越天河的彩桥，让牛郎织女在天河上相会，天帝只好允许牛郎织女每年七月七日在鹊桥上会面一次。

“宝莲灯”的故事大家也非常熟悉。相传二郎神杨戬的妹妹三圣母，住在西岳庙，遇到书生刘彦昌进京赶考，化为村姑与之缔结百年之好。玉帝得知后恼羞成怒，派杨戬捉拿三圣母，三圣母宁可仙籍除名，也要与刘彦昌白头偕老。二郎神施法把她压在华山西峰的石头下。刘彦昌考场得中，找不到三圣母，只好独自到洛州赴任。三圣母石下生子，起名沉香，让丫环用血书包裹送至洛州。沉香长大成人，下决心去华山救母亲。最终沉香练就一身武艺，盗出神斧，夺回宝莲灯，战胜二郎神，举起神斧朝西峰顶端奋力劈下，巨石拦腰断为三截。三圣母从中慢慢走出，母子相认后，刘彦昌也弃官不作，来华山隐居……

“白蛇传”的故事也是众人皆知。有一条修炼千年的白蛇，变成一位名叫白素贞的美丽姑娘，一起修炼的青蛇变成名叫小青的妹妹。白素贞遇见许仙，他们结了婚，生下一个可爱的儿子。一个名叫法海的和尚发现了白素贞的真实身份，他认为蛇妖和凡人不能生活在一起。法海给了许仙雄黄酒，让许仙给白素贞喝下去，白素贞喝下雄黄酒后，变成了一条大白蛇。许仙吓得昏了过去，白素贞急忙找来灵芝草，救活了许仙。法海见不能拆散二人，就把许仙带走，关在了金山寺。白素贞为救出许仙，和小青一起施展法术，水淹金山寺，结果法海将她压在了雷峰塔下面。白素贞和许仙的儿子长大后考取了状元，救出了母亲。

这些熟悉的故事放在一起，放在家庭关系的话题之下，我们马上就可以看到它们的共同之处。不管故事情节如何，故事的核心框架都是稳定的：女主人公都具有超凡能力、都对感情矢志不渝并为之付出沉重代价；男主人公都比较被动，需要有人指点；孩子几乎都是男孩子，都由父亲抚养，在人间长大；都有某个权威或长者反对男女主人公在一起，并且他们都成功地将男女主人公分割开来。

故事里的夫妻为什么一定要分离？孩子为什么一定是男孩？为什么孩子一定要由父亲在凡间抚养长大？让家庭分离的力量为什么一定如此强大？

这些故事可以代代流传，不只是因为故事情节让人感伤愤慨、惋惜惆怅，更多是因为故事里蕴含着本文化中所有家庭的潜在结构。从象征的角度看，神仙与人类，或者妖精与人类，这两个不同的族类，正是DNA双螺旋分子结构中的两条纵链。故事中人类都是男性，他们在土地上过着人间的生活，遵循着物质世界的现实逻辑。故事中妖与仙都是女性，女性以情感的方式参与生活。与稳定的物质世界相比，情感世界是变化莫测的，女性可以孕育生命的能力，也是神秘莫测的，这一切让女性看上去似乎不属于人间，而更像来自仙界或者妖界。因此这两条纵链代表着更为单纯的男性传承与女性传承，即家庭及家族中所有男性之间的传承，以及家庭及家族中所有女性之间的传承。

故事中的孩子，几乎都是男孩子，他们一定不会脱离男性这一条纵链，所以他们都跟随父亲在地上生活。孩子的存在，让两个族类或者说两个性别之间，产生了强有力的链接。孩子作为纵链与横链相结合的象征，其内在所承载的整合任务，不仅包括父母养育方式的不同、情感与思维功能的不同、对母亲（或父亲）的爱与恨，它们像横链一样密切关联；还包括更为原始的有着极大差异的男性传承与女性传承，它们像纵链一样截然分离。内在体验的整合任务无疑是艰巨的，但同时也是极具创造性的，在故事中以“孩子”这样一个新生命的形式表达出来，这是家庭及家族延续的最佳方式，也是社会及文明延续的最佳方式。

每一个孩子的出生都不简单，每一个生命都不是无源之水。因为觉察能力有限，也因为情感与思维功能有限，婴幼儿只是沐浴在这活水源头之中，感受生命之流的涌动而不自知。他们的成长虽然充满挑战与挫折，但最大的回报便是看见自己生命的源头与进程。

这是四个女人的故事：我的外祖母、我的母亲、我自己和我的女儿。从出生年龄上看，最年长者出生于1914年，最年轻者出生于1996年，时间几乎跨越了一个世纪。从时代背景来看，经历了清朝、民国、日本侵略、新中国四种不同的生活状态。从受教育程度而言，包含了不识文字到硕士研究生的差异。

外祖母在生育我母亲之前，曾经生育过一男一女，但这两个孩子都早逝，都是因为得了痢疾不治而亡。痢疾在今天已经不能威胁生命，但在当时，外祖母一家处在日军入侵、躲避战乱、逃离家园的状态，作为母亲的她，面对孩子生命受到威胁，束手无策……

我母亲生于1945年，当时我外祖母已经31岁。我听母亲讲，她小时候也多病，外祖母对她的看护几乎形影不离，她在外祖母偶尔离开时也会哭闹不止，望眼欲穿地等着外祖母归来。我母亲的哥哥姐姐早夭，让外祖母在养育我母亲的过程中充满焦虑与恐惧，我母亲对分离也充满焦虑与恐惧，她似乎在完成着对外祖母的某种呼应，她们彼此情绪共鸣不能分离。

外祖父去世后，外祖母一直住在我家，直到她老人家也辞世而去。这段时间持续28年，其间母亲和外祖母几乎没有分离，而我就是由外祖母一手带大。外祖母是我的主要看护者，在我心里外祖母才是我的“妈妈”，而我的母亲反而像是和我一起享受母爱的“姐妹”。

我的成长中享受了外祖母很安然的看护，她在看护我的过程不用考虑生计，不用担心我的身体健康问题。外祖母可以知道我的任何情绪变化，但她能够以稳定的状态来回应我，让我感到“她看到了我的不安，但我们都很安全”。在很小的时候我心里就知道，外祖母的人就在那里，外祖母的爱就在那里，不会有任何变化。

外祖母取代了我母亲的位置，我母亲自己的养育功能显得有些不足。在我心里外祖母是“无所不能”的，我母亲反而是一个需要别人照顾的角色。有外祖母对我的照看，也因为工作忙碌，我母亲和我之间的亲密接触少了很多。即使有外祖母的精心呵护，来自母亲的亲昵依旧是我内心的渴望。于是我一直有这样的念头：我自己的孩子一定自己带，也一定会像外祖母一样带孩子。

我的女儿一直由我和爱人照顾。虽然养育过程也有诸多波折，但我们在一起很安全，彼此可以很坦诚地交流，不在一起的时候也很安全，知道彼此的爱就在那里。在我养育女儿的过程中，我和母亲有了更多交流，我们对彼此之间的关系，以及我们与外祖母之间的关系，讨论了很多。这些讨论让我们母女很亲密，也让我对自己与外祖母之间的关系，多了一份体验之外的洞察。

回顾四代女性之间的关系，感觉个体情感与家庭养育有关，也与我们身处的社会环境、民族命运息息相关。中国曾经长时间处于多灾多难的境况，我们的文化强调牺牲也强调扶持，在我外祖母养育子女的艰难中，她似乎没有力量让我的母亲在情感上独立；而我的母亲似乎也牺牲了她的某些功能，修复着外祖母的创伤；伴随着民族命运的好转，我得到了温暖、稳定及安全的养育，有时间与精力来学习养育下一代，也能够为上一代理解其生命历程提供帮助。

这是一个真实故事，虽然其中看不到四代女性具体的生活事件，但讲述者对四代女性之间的亲密关系做了深入觉察。良好的觉察力使讲述者在现实生活中，与自己、与女儿以及与母亲之间都有着良好的沟通，也因此获得了充沛的繁衍感。讲述者也许不会意识到，这正是其对家庭及家族中女性传承的觉察。

个体·男性成长

个体情感体验和逻辑思维的成长，在埃里克森和皮亚杰的理论里，男女遵循着同样的节奏。在成长中，需要整合的家族力量、父母养育、情感思维、对立情感等任务，对男女而言也是同样重要。但男性与女性的成长路径之间还是存在着很大差异，因此有必要对男性成长和女性成长分别进行讨论。

婴儿未出生之前，父母对婴儿的性别就有所期待。即使男孩女孩都很受欢迎的家庭，也知道婴儿性别不同，未来的生活道路会有诸多不同。父亲与母亲虽然共同孕育了新生命，但父亲作为男人去理解男孩子的成长，以及母亲作为女人去理解女孩子的成长，这些都是异性父母所无法达到的状态。两性之间有着最强烈的亲密感，也有着最无法企及的距离。

母婴共生时期，婴幼儿还没有最初的区分能力，自然也没有对性别的意识。这一时期，父母发起的与孩子之间的互动，也不会因为婴幼儿的性别而呈现出太大的差异。婴幼儿的觉察能力逐渐发展，能够区分开自己与母亲的同时，也知道了父亲的存在。父亲的介入，打破了母婴一体化，婴幼儿的内在也进一步发展为包含有父母与自己的三角结构。

亲子三角结构会因为婴儿性别的不同，呈现不同的动态性及阶段性变化。婴幼儿自我认同中，最重要的一部分就是关于性别的认同。从父母的话语里，婴幼儿很早就知道自己的性别，“我是男孩”或者“我是女孩”，但这些话只是一些现成的论断或界定。我怎么知道我是男孩子呢？或者我怎么知道我是女孩子呢？婴幼儿需要在内在体验中，探索并完成自己的性别确认。

差异是性别确认的前提，内在体验中差异意味着互补，也意味着吸引，还意味着相爱。这里的相爱不是指基于亲情或血缘的相爱，而是指基于性别差异的相爱。在与异性父母建立爱的过程中，男孩和女孩完成了自己的性别确认，但他们的路径并不相同。

母亲十月怀胎，母子之间生死与共，男孩与女孩都是如此。婴幼儿初生之时，都沉浸在和母亲的爱里面，这是没有性别差异的爱。在父亲加入后的三角关系里，男孩异性之爱的方向依旧指向母亲，如何去做一个被母亲爱着的男人，他向父亲学习即可，他不需要“背叛”自己之前对母亲的爱。女孩异性之爱的方向指向父亲，虽然她也需要向母亲学习成为一位女性，但她首先要完成“背叛”，对自己投注于母亲的爱的背叛。可以看到，虽然母子共生都需要被打破，但打破之后的母子关系，男孩与女孩是不同的。在象征意义上，成年女孩“嫁出去”又一次完成了对家庭（母亲）的“背叛”，而男孩“娶进来”依旧保持了对家庭（母亲）的“忠诚”。

男孩爱母亲，以“男性”自居，与父亲竞争的过程中向父亲学习，竞争与学习的过程中确认了自己的男性品质。女孩爱母亲，之后转向爱父亲，以“女性”自居，与母亲竞争的过程中向母亲学习，最终确认自己的女性品质。自然的养育状态下，性别认同都可以顺利完成。但如果母亲与父亲养育功能过于不均衡，孩子将难以完成母婴分离，难以真正进入亲子三角关系，其性别确认的过程也会受到阻碍，出现各种各样的困境。

困境有可能是母亲过于强势，父亲过于弱势，对男孩子而言，没有形成竞争就可以战胜父亲，有些胜之不武，内在有负罪感，也难以学习到良好的男性品质。困境也有可能是母亲过于弱势，父亲过于强势，对男孩子而言，一直不能在竞争中战胜父亲，意味着一直不能被男性标准所认可，由此男孩子对男性的兴趣与执着，可能会一直持续下去。极端情况下，个体可能过于退缩以至于不能参与社会生活，也可能过于激越而不能被社会生活所接纳，还可能出现性别认同或者性别取向的困扰。

从象征意义上理解父母功能，他们可以是现实中的父母，也可以是家庭中其他有父性母性功能的人，也可以是家族中的父性与母性力量，还可以是传统中的父性与母性文化。从内在结构来看，他们可以是个体内在的思维与情感，或者是已经内化的男性与女性力量，甚至可以是个体在文学作品或者影视艺术中汲取的男性与女性精神。

男性最基本的成长模式，依旧可以从广为流传的故事里看到。每个孩子童年中都熟悉的“西游记”与“哪吒闹海”，向我们呈现了男性成长最典型的路径。

“西游记”里，东胜神洲的傲来国花果山的一块巨石孕育出一只石猴，石猴拜菩提老祖为师，学会七十二变，有了上天入地的本领，并在花果山自称齐天大圣。玉帝派太上老君招安大圣，大圣嫌官职太低，大闹天宫，被太上老君困于炼丹炉，四十九天后大圣踢翻炼丹炉，炼成了金睛火眼。玉帝请来如来佛祖，将大圣镇压于五指山下。五百年后，唐僧去西天取经，大圣受观音指引，拜唐僧为师，师徒二人踏上了取经之路。之后猪八戒、沙悟净也加入队伍，师徒四人一路斩妖除魔、历尽艰险、饱受考验，最终成功取经，大圣获封“斗战胜佛”。

“哪吒闹海”里，陈塘关总兵李靖的夫人，怀胎三年零六个月生下一个肉球。李靖用宝剑劈开肉球，在光芒中跳出一个男孩。太乙真人前来贺喜，为男孩儿取名哪吒，收为徒弟，赠他乾坤圈和浑天绫。哪吒七岁，遇见夜叉在海边强抢童男童女。哪吒用乾坤圈打死夜叉，又杀了龙王之子敖丙，龙王告状途中又被哪吒打得半死。四海龙王水淹陈塘关，要李靖交出哪吒才肯收兵。哪吒被父亲收去两件法宝，为了百姓安危，哪吒悲愤自刎。太乙真人以莲花与鲜藕为躯，使哪吒还魂重生。重生后的哪吒手持火尖枪、脚踏风火轮，战败龙王，为民除害。

大圣和哪吒，他们出生就异于常人。大圣无父无母，是天地孕育的石猴，哪吒是母亲怀胎三年的肉球。他们一出生就不被父系所喜，大圣初生就目运两道金光，惊动了玉帝，玉帝默认其乃天地精华所生；哪吒的父亲因肉球不乐，用剑劈开肉球，勉强接纳了哪吒。他们的母系都很包容孩子，石猴以草木瓜果为食，在水帘洞栖身，大地如同石猴的母亲；哪吒的母亲不以孩子为异，对哪吒倍加呵护。他们都有一个神奇强大的师傅，传授他们上天入地的本领。大圣和哪吒，一个闹天宫，一个闹大海；闹过之后，大圣踏上取经路，哪吒为城中百姓自刎；最终大圣取经成就“斗战胜佛”，哪吒借莲花身重生再次战胜龙王。

两个故事，同样的路径，英雄披荆斩棘终成正果。这个路径也是每个男孩成长必须经历的英雄之旅。故事的象征意义很清楚：孕育大圣的石头，哪吒身处其中的肉球，都是婴幼儿尚未建立“主体”之前的完全无意识状态，也是母亲和婴儿完全共生的状态。大圣目运金光惊动玉帝，李靖用剑劈开肉球，孩子开始和父亲（系）建立联系。父亲（系）对孩子是不接纳的，同为男性，男孩身上所蕴藏的潜在力量是父亲所忌惮的，同时父亲使用僵化的教条、权威的姿态不断否定着孩子。虽然养育环境中充满消极父性功能，所幸，大圣与哪吒都有一个喜爱自己、教导自己的师父，可以得到来自积极父性功能的支持。

大圣大闹天宫和哪吒闹海一样，消极父性功能都受了挑战，虽然故事里哪吒直接挑战的是龙王，但龙王也是一位具有消极能量的父亲。挑战是一种必然，挑战是对边界的突破，只有在突破后进入新领域，获得新经验并进行重新组合，挑战者才能够建立起关系中的新边界。这种挑战具有非生即死的危险性，他们两人第一次挑战的后果都是失败的，大圣被压在五指山下五百年，哪吒剔骨还父、割肉还母。

死亡不仅是个体生命的消逝，也是旧秩序的消亡。死亡也意味着重生，重生之后的个体有了新的身份，也摆脱了旧秩序对个体的束缚。哪吒再次归来之时，已经不再是哪个人的儿子，他只是他自己。重生后的哪吒再次挑战龙王，获得胜利之后，和父亲以平等的身份并列仙班。大圣的重生之路更加艰难，从被迫戴上金箍到真心护送师傅取经，经过九九八十一难，最终成为“斗战胜佛”，头上的金箍也消失不见。大圣获得了新的身份，也获得了新的自己。

哪吒的重生依赖于师父太乙真人的法术，太乙真人是哪吒象征意义上的、拥有积极功能的母亲和父亲，他既可以用莲藕为哪吒塑造身体，又可以使哪吒的魂魄聚集，魂魄注入躯体后成就了哪吒的新生。大圣出生无父无母，天生地养，师父菩提老祖是来自父系的支持力量，玉帝则是来自父系的束缚力量，取经途中一路艰难，观音菩萨的支持母系般包容温和，如来佛祖的指引父系般坚定可信。观音菩萨和如来佛祖，本身都是母性与父性积极功能的整合，既怀慈悲之心，又拥霹雳威力，一路呵护大圣的成长之路。

对于婴幼儿而言，两至三岁就开始尝试摆脱父母的看护，自己探索外部世界。少年时期的他们迫不及待、不畏风险，仿佛负有使命一般，与父母斗争，希望摆脱对家庭的依附。如果父亲有更多的积极功能，孩子的抗争被理解被引导，孩子会完成自己的英雄试炼之路，最终以男子汉的身份和父亲站在一起。如果父亲的消极功能过于强大，孩子或者停留在五指山下，永远不得翻身；或者停留在大闹天宫之时，永远在激烈抗争。

20 岁的浩林是一名大二学生，目前他的学校生活出现很大问题，首先夜不归宿去网吧玩游戏，因为家境贫困他没有钱上网，所以待在网吧主要是和一些初中男孩打游戏，这些男孩有零花钱但打游戏的能力不如浩林，浩林和他们一起玩，帮助他们提高游戏等级。因为连续几天待在网吧，进食进水都很少，引发尿结石疼痛难耐，浩林曾经被紧急送往医院。

此外，浩林个人卫生极差，不管是自己的衣着还是宿舍里的床铺，到处污秽不堪，散发着臭味。同时浩林很多的课都不去上，甚至连考试的时候都需要老师找到他，把他送进考场。最终，因为学业问题浩林被学校劝退了。

老师们因为浩林唏嘘不已，因为浩林家境贫困，母亲在他很小的时候离家出走，父亲靠做根雕为生，收入微薄。奶奶有退休金，平时照顾浩林和爸爸的生活，浩林在校期间的大小事宜都是奶奶打电话和老师们沟通。浩林的智商比较高，初中阶段曾获全国化学竞赛三等奖，高中时期的成绩也比较好。浩林曾经是家里，甚至是家族的骄傲。

浩林的家庭有着中国传统伦理道德观，但也有着脸谱化评价体系，孩子学习好的话就可以“一好遮百丑”。实际上在“乖顺孝道学习好”的背后，可能压抑了孩子太多的反抗和愤怒。浩林是一个不快乐的人，虽然他成绩好家里以他为荣，但母亲亲情的缺失以及奶奶的严厉，使他很难将家人的照顾和关怀体验成亲情。浩林的敏感是有道理的，家庭里面是有着很朴素的希望他荣耀家族的愿望。但浩林对现实又是存在误解的，因为奶奶和爸爸对他也有着非常真实的情感。浩林对现实的歪曲理解，本来可以通过与家长的交流沟通来消解，可惜他的家庭不具备这样的条件，没有探究他的内心世界。如果不能感受到亲人的关爱，孩子的内心始终是自卑的。

浩林初中时有一段时间沉溺于武侠小说，武侠小说就是他的一个宣泄口，在里面他可以感受到成为英雄人物的成就感。高中因为高强度的学习压力，浩林被拉回现实世界，用全部的力量应对高考，顺利考入大学。在大家以为寒门子弟终于快要自食其力的时候，浩林又开始了他的“英雄之旅”，只不过这个英雄依旧是网络游戏里面的虚拟英雄。

浩林蓬头垢面、身体虚弱、被劝退学，非常让人痛惜，但这是他在潜意识里对自我的一个定位，在内心世界里他感受到的自己就是这样一个失败者。在他心中父亲、母亲和奶奶，都没有重视他这个人，没有重视他的情感体验，同时他也没有能力去体验他人，不会考虑他人的感受。考上大学这一现实目标实现之后，浩林对人生意义的茫然，潜意识里面的怨恨，加速了他自我沉沦的冲动。

瑞东是一名大一男生，独生子，祖父母都是知识分子，父母都在政府部门工作，父亲是一名官员。瑞东在准备一个比较有难度的学业任务时，突然感到胸闷心烦，全身不舒服，非常难受。之后感觉上课听不懂，有时看某个词或某句话不能理解，想着想着脑子就是一片空白，认为自己如此下去将会崩溃，甚至感到生活没有意义，极度的紧张恐惧，晚上也无法入睡。

瑞东在精神科进行药物治疗后，情况有所好转，但一周后又开始情绪低落，医生认为需要较长时间的持续治疗。住院期间母亲陪侍，晚上瑞东需要与母亲同睡，依偎在母亲怀里，母亲轻轻拍着才能入睡。

瑞东认为父母对自己非常宠爱，教育也比较宽松，但自己很少与父母交流，自己很少感到快乐，有时候会自得其乐，但持续时间很短。平时就非常崇拜父亲，但遇到困难从不告诉父母，喜欢自己承受。没有特别要好的男生，初中和几个女生关系比较好。初中阶段就出现过看一个词开始明白，之后看不明白的现象，但没有告诉任何人，当时觉得这种情况不去管它就过去了。

瑞东既有抑郁情绪，又有思维困难，这两种情况都是比较严重的症状，所以需要较长期的药物治疗。瑞东的养育环境似乎并没有很大问题，家庭和谐，父母爱护，但瑞东与父母真正的情感交流却很少。瑞东内在情感体验深刻却很少倾诉，父母都是有较高社会位置和成就的人，面对父母，瑞东一直生活在对权威人物的崇拜之中，而不是生活在有瑕疵的真实的自然的人际交流中。

个体·女性成长

女性同样会抗争，以突破父母维护的旧秩序，完成自己女性身份的确立。但女性的独立之旅，抗争较为和缓，路途却更为曲折，因为她们会经历比男性更为复杂的情感体验。

女孩在亲子关系的动态变化中，与母亲竞争的同时，也向母亲学习如何成为女性，最终完成自己的性别认同。男孩和女孩同样经历了母婴共生的分离，但在与同性父母的竞争中，男孩不会和母亲产生竞争，而女孩则需要经历这一切。或者说对于异性爱的投注，男孩不需要投注对象的转换，他的爱可以一直投注在母亲这里。对女孩而言，需要将爱的投注对象从母亲转换到父亲。因此与男性成长相比，女性与母亲之间多了一层分离。

在中国传统文化中，女孩出嫁需要离开娘家，即使现在很多小家庭是独立生活的，但出嫁的形式依旧保留，分离在象征意义上依旧存在。妻子生育的孩子都跟随丈夫的姓氏，这依旧是一种分离，意味着允许后代在某些特征上与自己分离。与此同时，女孩成为母亲，需要和孩子一起再次经历新的一轮母婴共生的分离。

女性如何成长为一个独立个体？一方面不同角色下的诸多分离体验，使女性有很好的适应与磨砺，可以促进女性独立的进程。另一方面每一个角色下的分离体验都是一种风险，不能顺利度过挑战的话，女性可能固着在某个阶段而难以发展。

在与母亲的分离与竞争中，女孩需要承受作为婴儿的分离恐惧感，以及作为女性的竞争负罪感，很多时候这两种感受交织在一起，使女孩更加难以独立于母亲。如果女孩心理层面上依旧停留在这个阶段，即使她们生理层面上已经发育为成年人，也会难以作为成熟女性与异性建立真实且深入的关系，或者说不知道如何与异性相处。

父亲是女孩接触的第一位异性，也是女孩对异性投注爱的第一个对象，如果父亲过于强势或者过于弱势，或者父亲的情感功能不足，也会影响女孩与异性之间建立爱的情感。与之相反，如果父亲对女孩的情感有很好的回应，不但会有助于女孩与异性建立持久且深入的亲密关系，也会让女孩获得价值感与成就感。

对于两性亲密关系中情感的缺乏，女孩和男孩感受不同，看起来女孩常常因之而愤怒，但愤怒的背后往往是内疚，因为女孩认为自己对情感沟通的质量负有责任。女孩需要通过向母亲学习以获得女性气质，因此在与母亲的关系里，女孩的体验在分离恐惧感与竞争负罪感的基础上，还增加了认同的融合感。细腻复杂的情感体验与冲突，使女孩的情感功能趋于完善，这符合女性具有情感功能优势的常态，也使女孩更愿意承担起情感沟通的责任。

女性成长曲折而迂回，在中国上古的神话体系里，很难找到与之对应的完整故事，但我们还是能够从不同女性角色中，对女性成长之不易窥见一斑。上古神话中，女性神明的地位是无比崇高的，她们孕育生命、掌握生死、掌握自然。流传至今依旧为人所知的三位女性分别是女娲、西王母和精卫。

《山海经·大荒西经》中描述："有神十人，名曰女娲之肠，化为神。"前文中我们已经提到女娲是娲皇始祖，是神的创造者，也是万民的创造者。女娲与伏羲他们人身蛇尾，双尾交合，她更多地呈现出成年女性作为妻子，在与男性的关系里充满孕育能力的状态。

《山海经·西山经》中描述："西王母其状如人。豹尾虎齿而善啸。蓬发戴胜。是司天之厉及五残。"西王母豹尾虎齿狮发，主管天象与节令，指导农耕生活，掌管生死祸福。西王母在民间神话故事中，演变为女神首领，是诸多仙女的母亲，她更多地呈现出成年女性作为母亲，在与女儿的关系里，既予以支持又加以约束的状态。

《山海经·北山经》中记载："炎帝之女名曰女娃，女娃游于东海，溺而不返，故为精卫，常衔西山之木石，以堙于东海。"女娃本为帝女，因为泛舟东海溺亡，精魄化为精卫鸟，有复仇大志，生生衔取草木砾石以填平东海。精卫与大海进行着永无止息的抗争，而大海往往象征着女性力量，也象征着母亲。

女性的成长过程中，外在身份跨越了女儿、妻子和母亲三重角色，在每一个角色下女性都体验着诸多分离和情感冲突，同时在每个角色下她们又都在学习成为情感主导者与回应者。在民间故事里，仙女总是违背天庭仙界的戒律，违背母族的约束，下到尘世爱上凡人，但最终她们还是会回到来处，而那里始终都会接纳归来的她们。仙女下凡重返天庭的过程，是一个女性性别认同的过程，在这个过程中，仙女与凡间男人都将真挚的情爱给予了对方。现实生活中，如果难以走出母亲的束缚，难以与母亲真正分离，女性将难以以成熟女性的身份进入到两性亲密关系之中。

静文，24岁，刚刚结束一段八个月的与有妇之夫的恋情。她认为自己并不是专门去找已婚男人。只是爱上了一个人，他正好已婚而已。自己对此没有道德压力，因为自己没有义务为别人的婚姻负责。两个人刚刚分手，因为男人又爱上了别人。

当静文知道对方婚姻挺和谐时，还有些开心，认为对方是真的被自己吸引，而不是逃避婚姻的不幸。静文与男人的成长经历相似，母亲都是极度强势，而父亲都有外遇。静文的很多感受和想法，尽管看来挺奇怪，但是男人都能理解。

后来静文发现他喜欢上别人，认为自己必须离开他了。静文对男人并没有仇恨，只是觉得自己对这段感情抱有很多幻想，以为男人只是遇到了自己才会出轨，以为这是一段浪漫的关系，但其实自己只是对方的一个性伴侣而已。

静文从来没有想过和这个男人结婚，反而觉得男人忠诚于婚姻是一个优点。静文感觉如果自己和他太太认识，很可能会互相欣赏，自己经常站在他太太的角度去看问题。静文甚至常常觉得自己和他太太是一个团队，男人背叛了自己，也是背叛了自己和他太太这个团队。

男人和太太的关系貌似比较和谐，但男人感觉太太并不真的需要他，而是需要一种安稳的生活方式，以便可以有更多精力去做她真正想做的事。静文从没有见过他太太打电话给男人，但男人的女儿会经常打电话给他。

静文的妈妈在外人面前永远是最宽容、最善良、脾气最好的那个，但在家里却充满了负能量，静文与爸爸就是妈妈的出气筒。爸爸有外遇的时候，静文既不伤心，也不愤怒，因为爸妈本身就过得很不开心。爸妈离婚后，静文有点怨恨爸爸，因为妈妈的坏情绪全部都宣泄在自己身上了。静文说妈妈不知道自己与已婚男性交往，妈妈思想非常保守，对婚前性行为都是不接受的，现在以为静文还是处女。

故事里涉及的人物，情感都比较复杂。静文的父母和男人的父母，情感都不和谐。男人与太太也没有深入的情感交流，而静文也只想和男人处在婚外情感之中，并且更认同男人的太太。

很多与已婚男性发生情感纠葛的单身女性，更愿意构建三角关系，而不是一对一的亲密关系，因为在她们的成长过程中，有一些必须完成的成长任务没有完成。小时候母亲过于强势，女孩在与妈妈的竞争中失败，长大后女孩要修正这个错误，于是会在已婚男人表示很爱自己妻子的情况下爱上对方。女孩认为男人很爱妻子，她可以争一下，而且相信男人一定可以更爱她。但是一旦男人为她放弃家庭，她马上就放弃了，因为她不能把“爸爸”夺走，完全战胜“妈妈”会让自己感到羞愧且内疚。

生死合一·雌雄同体

从婴儿“主体性感受”的假设到上古神话与民间神话的引用，都是在以象征的方式来理解个体成长的过程。早期的“主体性感受”具有全能性的幻想色彩，外部世界不能独立于感受而存在。婴幼儿在与外在世界的互动中，尤其是与养育者的互动中，完成了母婴分离与“我”的建立，接下来依旧需要在人际互动中完成对“我”的所有属性的确认，其中最重要的是对性别的确认。也可以说，婴幼儿先能够确认自己是一个独立的人，再进一步确认自己是一个男人或女人。这两个确认过程在生理层面上的完成，因为身体具有物质层面的直观性而显得比较简单，但在心理层面上的完成，却因为需要真实深入的人际互动而显得并不容易。

男孩在与父亲的抗争中完成着自己的“英雄之旅”，如果父亲拥有成熟的人格体系，既可以帮助儿子学会遵循规则，又鼓励儿子尝试突破规则，在遵循与突破之间引领儿子形成自己的男性品质。如果父亲的成长不够完善，儿子与父亲的抗争就会极其惨烈与悲壮，如同“大圣西行”与“哪吒重生”一般，需要经历种种磨难。

女孩的性别认同是在与母亲的复杂情感互动中完成的。女孩与母亲的互动中，既包含婴儿与母亲分离的恐惧感，也包含与母亲竞争的负罪感，还包含向母亲认同的融合感。同时父亲对女孩的情感回应质量，也影响到女孩的情感发展顺利与否。同样，如果母亲拥有成熟的人格体系，既可以包容女儿细腻复杂的情感体验，又可以向女儿做出良好的示范，女儿则会被鼓励发展出对自身情绪的涵容能力，拥有属于自己的女性品质。如果母亲的成长不够完善，女儿就会深陷与母亲之间的情感纠葛，或者激烈冲突，或者回避隔离，或者气息隐遁……

如果在生理与心理两个层面，个体都完成了对于“人”，以及“男人”或“女人”的确认，个体的生命就会变得足够真切与鲜活，并因此而充满繁衍感，可以孕育出一个个有意义的日子。无论男孩还是女孩，成长的过程都是一个不断自我更新的过程。更新不仅是生理层面不间断的新陈代谢，也是心理层面持续进行的人际互动。“哪吒重生”是一种对自我更新的象征性表达，它既是躯体上的重生，也是关系中的重生。

“生”与“死”是对立物，躯体上的出生与死亡是生命历程的两个端点，并且是不受个体主宰的两个端点，但内在感受中，“生”与“死”是同时发生的。如果觉察不到什么在消失，就觉察不到什么在诞生，生以死为前提，生死合二为一。在现实生活中，个体并不时时面对躯体的死亡压力，但在心理体验中，遭遇创伤会给个体带来持续的象征性的死亡感受，对生死合一的觉察可以让个体获得生生不息的体验，这也是个体心理创伤永远会有疗愈机会的基础。

在埃里克森的人格发展阶段论中，每一阶段的发展任务都能顺利度过的话，个体将在成年晚期体验到“完善感”，与之相反的体验则是“绝望感”。这个年龄阶段的个体，生命逐渐老去，真正的死亡不断迫近，“完善感”与“绝望感”分别呈现出“自然安详”与“暮气沉沉”两种不同的状态，它们之间的区别就像生与死的区别。与之相同，婴儿期体验到的“基本信任”与“基本不信任”之间的区别，以及之前每一阶段的发展任务，在象征意义上都是生死之别。

在象征的视角之下，还有一组对立的事物必须提及，那就是男性身上的女性气息，以及女性身上的男性气息。个体不论从生物学意义上，还是从心理感受上，都是一个全息载体，诞生之初个体所携带的父母双方的生物与心理基因，都处在无意识的整合之中。成长中个体的意识觉察能力不断增强，个体也因此确立起自己的独立性与性别身份。原初的无意识整合状态发生了一些改变，男性的女性气息、女性的男性气息都会更多地被保留在无意识之中。

自然状态下，随着个体步入成年晚期，无意识之中的这些气息会缓缓释放出来，让个体进入一种雌雄同体的状态。老年男性比年轻时更多地参与到家庭生活中来，情绪也会变得更为温和；老年女性则比年轻时更多地走出家门去参与群体活动，在家庭事务中拥有更多的自主权。

遭遇生活困境时，无意识之中蕴藏的异性气息会被激活，以帮助个体渡过难关。在民间故事“木兰从军”和民间传说“田螺姑娘”中，都可以看到异性气息的象征性表达。木兰在家中无长兄的情况下，女扮男装替父从军，这是女性进入男性专属的战场中搏杀，并且建功立业的故事。而从水缸中出来洗衣做饭的田螺姑娘，则是男性面对日间辛苦劳作和孤独寂寞时，对女性温情陪伴和生活照顾的美好愿望。

故事里木兰完全转换了性别身份，象征着其内在异性力量的极大激活，好在战事结束之后木兰重新回归女性生活，没有被困境束缚终身。民间传说中的田螺姑娘则更具象征性，小伙子出去劳作姑娘就从水缸里出来洗衣做饭，小伙子回到家中姑娘就回到水缸里面，姑娘的躲藏正是因为她原本就是男性内在拥有的，可以自我照顾的女性气息。

现实生活中也是如此，心理创伤状态下的个体，其异性气息会被激活，并且以象征性的方式表达出来，这种表达通常会自发地出现在个体梦境中，或者出现在个体的内在感受里。

回忆起最难熬的日子，那个时候只有他陪着我。他不是别的谁，是另一面的我自己，是位男性的形象，成熟冷静，温和淡漠，既亲近又疏离。在所有独自支撑的时刻，他替我擦掉眼泪，抱着我一言不发，听我崩溃的只言片语。他不厌其烦地教我，怎样一点点把情绪剥离，不被困扰地去做该做的事，不回头地挣扎向前。

他的身体冰冷，每次靠近都感觉在冬天，可是不管多冷，有他在总是好的。我慢慢学着他的样子，一点点冷下去。他常语气复杂地说："我知道这样很难为你，可这是唯一最大保全的办法。"我那时心如死灰，已经没有正常人的感情，无法理解他的情绪，只觉得一切都很正确，我并不难受，也不难过，只是偶尔很累，想在他的世界里睡过去。

他的世界里有下不完的雪，厚厚的积雪快要把人掩埋。每次我好累好累支撑不下去，都能看到他站在不远的雪中。我对他说："我好累，我想睡一会儿，你可以带我走吗？我不想醒来了。"他从没有答应过，只是站着看我，看雪花一点点铺在我身上。我继续恳求说："我好冷，我好累，我眼皮好沉，我好想睡，我可以在这里睡下去吗？"他也有动摇，但最终总是把我弄醒。他说他会带我走，但不是现在。我是想等他带我走的，所以总坚持着不睡过去。

后来……后来，十年后冰雪消融枯木逢春，十年间像做了好大一场梦，梦里下了好大一场雪，冰天雪地里只有我和他两个人。原先是他把我拉进去，后来也是他把我推出来。

他再次不厌其烦地教我，如何容纳感情，调配情绪，和外界建立联系。我真的很抗拒，我已经习惯冷冰冰的日子。但他无比坚决，他说："够久了，我的世界不是你的归宿。你既已经被保全，就该做回原本的样子。"

我觉得还算快，其实不到十年，他就不常出现了，只在我偶尔崩溃的白天黑夜，默默留出一隅容我休憩的雪地。我们的交谈少了，他也很少抱我了，我不再无力自保，他更是果决放手。我们相处中最多的只剩沉默对视。

我有时提起，曾经说好要一辈子相依为命的。他笑着摇头，不以为然。他说："你危在旦夕的时候，我们自然相依为命，现在你死而复生，离我越远才是对你越好。"

我知道他没说错，我和他是内心世界分崩离析时才出现的人格交错。原本穷尽一生也不该相遇，现在自然该分离。我只是不舍。

唯一见证我内心十年兵荒马乱的人即将退场，再也不会有人比他更明白我的过去。那些挣扎求存的日子如同没有发生过，我好像风平浪静就长成了现在的样子，黑暗的岁月被抹除，不知道是好笑还是可悲。

我同他讲："我不能接受你不复存在，而且忘记历史等于背叛。"他温柔而坚定地说："我既然已经出现，那就是不可能消失的。只是你不能活在过去，不能活在和我相依为命的世界里。那段时光我们都不会忘记，但你不应该耿耿于怀。人是要向前看的。"

可想到要很久都见不到他，我还是非常沮丧，对他说："你像月亮一样，那么圆，那么亮，那么远……一直在，却永远遥不可及。"他从来没有笑得这么开心，说："月亮属于夜晚，夜里太冷了，你要找到自己的太阳，活在日光之下。"我心里想通了，嘴上还在小声说："这么多年，活在黑暗里，我都习惯了。"他叹口气，摸了摸我的脑袋说："偶尔来赏月，月亮又不会跑。"

以此纪念我生命中最重要的人，一个像月光一样柔和明亮，也像月亮一样孤单冷清的人。

上面的文字是一位家庭发生变故的女孩的心声。面对家庭变故，女孩的外在行为保持着正常状态，但女孩却有着十多年的困难心境。在她回顾往昔的文字中，我们可以看到其心如槁木，希望离开现实世界的时候，内在男性力量的激活，并且这一力量也以男性形象呈现出来；当女孩感到枯木逢春，可以回到现实世界的时候，其内在以男性形象呈现的力量也逐渐消退。曾经激活的能量并不会消失不见，当它完全被意识接纳之后，就不再需要以这样一种具象的异己的方式来呈现了。

我与他人·人与自然

前文谈到，幼儿使用代词"我"表达自己的时候，是在使用一种象征性的表达方式。与此相同，"他人"，以及"我"与"他人"的关系，也是一种象征性表达。在象征视角下，我们可以看到：个体感受到的早期母婴关系模式，与母亲分离的模式，以及与同性父母竞争，与异性父母的亲密模式，都会延展到生活中，在生活中不断重复出现。

父母是严苛的，我们内在就会有一对严苛的父母。即使我们成年后离开父母独立生活，内在严苛的父母依旧在指导和评价着我们的行为。即使父母年迈之后，已经没有能力做出原来的行为，或者已经改变了原来的行为，但我们和他们之间的氛围，依旧是原来的模样。也许在严苛之下，我们会想到摆脱与反抗，但摆脱与反抗意味着作用力依旧存在，只是换了一种方向而已。个体心中的“我”与“他人”的关系，作为一种具有象征意义的模式在自动运转。外在世界的真实他人，只是在不断激活这些模式，在大多数情况下，我们并没有和外在世界的真实他人相处，而是一直和内在世界里的“他人”在一起。

甚至有时候，我们和母亲的内在世界在一起。母亲对世界的感知是焦虑的，孩子也会感知到莫名的焦虑，这种焦虑不是来自孩子真实的外在世界，或者来自母亲所面对的真实世界，而是来自母亲的内在世界。母亲和我们一样，几乎不知道自己的情绪另有出处，很大程度上她只是作为载体传递着这些情绪。母亲身上的传承与她自己的人生遭遇混合在一起，便是我们生存其间的无意识海洋，只有意识的觉察可以改变这一切。

意识的觉察能力可以帮助我们澄清这一切，让一切尘归尘、土归土，所有的存在都可以找到来处并归于来处，我们便得以真正获得自己的生活。但前提是我们能够接受这样的观点：婴幼儿乃至成人，内在心理世界自成一体，逻辑自洽，大量无意识内容充盈其间，它们像一处深埋的宝藏，期待着意识的觉察之光。

个体最初的无意识内容浑然且整合，意识的觉察可能会暂时干扰整合的平衡性。但这种干扰是必要的，因为无意识内容需要被意识化，意识化过程正是个体觉察自我、实现自我的过程。虽然意识化的程度因人而异，但意识化的过程对每个个体而言，都可以增强自己生命的意义感。

意识化程度较高的个体，可以觉察到自己也是大自然运行体系的全息载体，这也正是中国天人合一思想的践行与体现。易经《文言》曰：“夫‘大人’者，与天地合其德，与日月合其明，与四时合其序，与鬼神合其吉凶。先天而天弗违，后天而奉天时。”这种“大人”的状态，正是个体与天地自然之间信息的契合状态。

本章内容简要回顾

婴儿与母亲在心理层面进行分离，也象征着与整个世界进行分离，“一分为二”的过程，意味着个体同时生成了基于第三方的觉察能力。父亲的存在与力量，可以帮助母婴实现分离，也可以帮助婴儿维持内在的平衡。

横链与纵链相结合的 DNA 双螺旋分子结构，是个体生命延续的最佳方式，也是社会及文明延续的最佳方式。个体内在整合任务，不仅包括父母不同养育方式、情感与思维不同功能、爱与恨的对立情感，它们像横链一样密切关联；还包括更为原始的有着极大差异的男性传承与女性传承，它们像纵链一样截然分离。

男孩在与父亲的抗争中完成着自己的“英雄之旅”，如果父亲拥有成熟的人格体系，既可以帮助儿子学会遵循规则，又鼓励儿子尝试突破规则，在遵循与突破之间引领儿子形成自己的男性品质。

女孩与母亲的互动中情感体验复杂，既有分离恐惧感，又有竞争负罪感和认同融合感。如果母亲拥有成熟的人格体系，可以包容细腻复杂的情感体验，女儿则会被鼓励以拥有自己的女性品质。父亲对女孩的情感回应，有助于女孩获得价值感与成就感。

在内在感受中，“我”与“他人”、“男”与“女”、“生”与“死”都是共存的对立物。对内在对立物的觉察和接纳可以让个体获得生生不息的体验，这也是个体心理创伤永远会有疗愈机会的基础。

婴幼儿乃至成人，内在心理世界自成一体，逻辑自洽，大量无意识内容充盈其间，它们像一处深埋的宝藏，期待着意识的觉察之光。虽然意识化的程度因人而异，但意识化的过程对每个个体而言，都可以增强自己生命的意义感。

第四章

象征性功能的疗愈作用

幼儿心理建设的重要性，在于它是个体自我意识趋向成熟的基础，也是个体以自我意识为核心的人格得以稳定发展的基础，更是个体在生命困境中维持自我修复能力的基础。

个体自我意识的发展面临着双重任务，首先是将自己从母婴共生的状态中分离出来，其次是在内在感受中整合拥有清晰边界的对立双方。分离与整合双重任务的工作内容都处于无意识状态，但双重任务的工作过程始终依赖着意识的觉察功能，这是一个不断将无意识内容意识化的过程。

婴幼儿内在世界自成一体，处于完全的无意识状态，它们像一处深埋的宝藏，期待着意识的觉察能力。强大的意识觉察能力是人类最宝贵的财富，意识觉察能力的发展使婴儿从内在混沌中区分出自己与母亲，因为区分是在强烈的情绪体验和身体感受中完成的，也可以说处于无意识状态的强烈情绪体验和身体感受，促进了婴儿的意识觉察能力的发展。

意识觉察带来的区分，使婴儿内在世界里有了“我”和“他人”，也使婴儿拥有了“觉察的我”，这是自我意识的初始状态。“觉察的我”站在第三方视角，不仅可以觉察到“我”与“他人”等诸多对立面，而且可以觉察到对立面之间的关系。关系意味着离开其中一方另一方就不会存在，“觉察的我”容纳了对立面之间的关系，使它们有了整合的机会。

意识觉察还可以对无意识内容的意识化过程进行觉察。无意识内容意识化的过程是一个进行象征性表达的过程，“觉察的我”的存在不断清晰，“觉察的我”的能力不断壮大，最终幼儿以代词“我”将“觉察的我”表达了出来。“我”是每个人都可以使用的，指代“觉察的我”的词汇。“我”是“觉察的我”的象征性表达，它作为部分，难以被指认，作为整体，却能被感受到。

婴幼儿的言语、躯体与动作，都是其无意识内容的象征性表达方式。与之相对应，成人的观念、情感与行为，也具有其象征性含义。意识的觉察只有通过象征性视角，才能够解读出无意识所要表达的信息。无意识内容需要被意识化，意识化过程正是个体觉察自我、实现自我的过程。虽然意识化的程度因人而异，但意识化的过程对每个个体而言，都可以增强自己生命的意义感。

象征性功能是意识与无意识之间的桥梁，也是个体身心灵之间的桥梁。前文曾提到心理提供了身体与灵魂，或者物质与精神之间的过渡空间，这个过渡空间正是依靠象征性功能才得以发挥作用。意识以象征的方式去觉察无意识，是个体心理协调统一的基础。如果象征性功能受到干扰，心理空间中的意识与无意识彼此隔绝，心理层面的压力就会转化为身体不适或者精神幻觉表达出来。

就个体而言，婴儿早期“主体”性感受作为“我”的前身，具有全能性幻想色彩，外部世界不能独立于其感受而存在。虽然全能幻想在现实的人际互动、物体反馈及身体感受中不断得到修正，但很多情况下，成年人身上依旧会残留与母亲合二为一、与世界合二为一的共生幻想。

父亲的存在可以帮助母婴实现分离，个体在与父母的互动中不断确立自己的独立性与性别认同。自我意识发展的过程中，个体需要不断整合内在体验到的各种冲突，其中最为根本的冲突便是“我”与“他人”、“男”与“女”以及“生”与“死”的冲突，它们是婴幼儿最早体验到的极端性对立，在成年人身上它们通常会隐匿在繁杂的日常事务背后。

虽然自我意识发展中的分离与整合将在个体一生中持续，但个体的早期“主体性感受”与母亲分离的模式，与同性父母的抗争模式、与异性父母的亲密模式，都会延展到生活中，在生活中不断重复出现。很多情况下，这些模式作为无意识内容在自动运转。

意识的觉察能力，可以帮助我们从象征意义上，理解那些自动运作的早期心理内容，所有的存在都可以找到来处并归于来处，我们便可以获得真正属于自己的生活。但是在复杂的物质世界和人际互动中，理解个体言行的无意识内涵并不容易，对此我们可以借助多种形式来接近它们。

我们的梦境，讲出来似乎荒诞不经，但梦境是个体无意识到达意识最直接的通道，它以象征的方式将无意识内容送达意识，能够解读梦境就会发现它是个体与生俱来的疗愈方式。除此之外，创作绘画、舞蹈与音乐作品，根植于感受来描绘生活故事，全神贯注地投入于游戏与手工，它们都是个体无意识表达的通道。

这里我将再次提到神话，神话浓缩着人类的历史及意义，也浓缩着人类的心路历程。神话既是语言的流传，又是舞蹈、绘画、歌咏、雕塑、装饰、仪式的融合，神话以多种形式表达了原始的生活。个体的生活也是如此，个体通过多种多样的形式，表达着其内在无意识主题和生命独特的意义，也可以说个体用一生实现着属于自己的神话。

下面将呈现四个心理疗愈案例，从中我们可以看到个体成长过程中的外在事件与其内在感受之间的关联，也可以看到遭遇困境时无意识的象征性表达，还可以看到意识以象征角度解读无意识时所发生的疗愈。

第一个案例和第二个案例都是年轻女性，她们的求学与工作遵循着正常节奏，但其内在感受中均有诸多困扰与疑惑，同时她们都有强烈的自我探索欲望，愿意在心理咨询师陪伴下开启这一探索旅程。

第一个案例中呈现了 A 女士的梦境，以其接受心理咨询之前的梦境为主。即使没有心理咨询师的陪伴，A 女士也在自我修复与疗愈中。在梦境中可以看到，A 女士承受的心理压力带来了比较活越的精神活动。第二个案例中的 B 女士，在心理咨询师的陪伴下，以沙盘游戏的方式进行自我探索。在接受心理咨询之前，B 女士的困扰更多地通过躯体功能的紊乱表达出来。

第三个案例和第四个案例的主人公，都是就读幼儿园的男孩。其中 A 小宝因为在幼儿园攻击小朋友和老师，幼儿园多次建议转园而来求助。B 小宝因为在幼儿园受到老师的恶意对待，父母发现之后前来求助。心理咨询师对于两个小朋友的陪伴，都是以沙盘游戏的形式来完成的，沙盘游戏的非语言交流模式更加适合低龄儿童的表达。

七个梦

梦是个体无意识的直接表达，也是个体内在感受的具象化呈现。这里的七个梦，来自梦者在遭遇现实创伤事件之后的自我修复过程，跨越了梦者初中至研究生毕业之间的十年时间。前四个梦分别选自梦者初中、高中、大学及研究生就读阶段，后三个梦是梦者完成学业后，希望深入了解自己，在心理咨询师陪伴的六个月内所做的三个梦。在这六个月内，梦者与咨询师的交流，每周一次，一次一个小时。

梦者是一位年轻女性，在现实生活中的她，学习优异、工作努力、为人真诚，语言表达能力好，喜欢深入交流，人际交往中不喜过分热闹喧哗。关于其生活中创伤事件与梦境之间的关联，在七个梦的内容之后再做一个简要分析。

初三的梦

我好像是一个警察，要调查一个比较灵异的案件。这个案件发生在姥姥家那个乡镇，我就跟随线索回到姥姥家，发现家人也在那边，他们应该是休假了。

我单独出来调查案件，发现在案件里有好多小孩子离奇死亡，并且案发现场他们都失去了心脏，就是腹腔被剖开，心脏离奇失踪。整个镇子里面的大人们都非常惶恐，生怕自己家的孩子遭遇不测。当时我记得我弟弟也在家里边，他那个时候可能刚出生没多久，也就一岁的样子，还睡在一个婴儿睡袋里，是鹅黄色的小褥子，是把他包起来的那种襁褓。

当时我去走访一家最新发生的案件的家属，他们家儿子大概十二三岁的样子，家里面没有母亲，只有一个父亲。他的父亲赡养他的奶奶，这是一个三个人生活在一起的家庭。结果儿子遭遇不幸，失去了心脏，只留下这位父亲和奶奶相依为命。我来到他们家中走访，发现有一些蛛丝马迹，似乎暗示我这个案件另有蹊跷。有一些证据指向他的父亲，于是我便更加密切关注这个父亲，结果就发现他确实是杀人凶手，我在他的家中发现了一些装在玻璃罐中用福尔马林浸泡的心脏。

原因是这样的：罪犯的母亲之前应该已经因为一些原因去世了，但是他利用一些邪门的方法，复活了他母亲，让他母亲变成了一个活死人的样子，或者是某种邪恶的灵体。他需要用小孩子们的心脏去献祭给他的母亲，来延续他母亲的生命，或者说延长母亲在人间存在的时间。之前他都是去猎杀其他人家的孩子，但是因为这些案件爆发出来，警方介入调查之下局势紧张，他没有办法再继续动手杀别人家孩子，而他母亲又需要小孩的心脏去延续自己的生命，于是他就把自己的儿子杀掉了，然后取出来心脏献祭给他的母亲。

我发现了这一点，就把他抓了起来。但是他母亲已经不知所踪，我有种不祥的预感，想回到家中，很神奇的是我一下子就从老家的镇子里面，回到了城市家中自己的房间。我找不到我弟弟，感觉很不安，直觉驱使我打开衣柜去看，我弟弟就躺在鹅黄色的襁褓中一动不动。我赶紧去查看，结果发现他已经失去了气息，但好像并不是像之前的案件被取出了心脏，他的躯体还是完整的，只是整个人已经没有了生机。我确定这不是人为造成的，是恶灵所为。我非常的愤怒，感觉仍是那个父亲和他的恶灵母亲做的这些坏事，那个失踪的恶灵母亲阴魂不散，报复于我。

这时候罪犯母亲邪恶的灵体，出现在了这个房间中。她对着我笑，阴惨惨的，说这是对我的报复，把我的弟弟害死了，她承认是她做的。我异常愤怒，在平时我非常恐惧神秘未知灵异的东西，但是那时我已经没有办法控制住自己的愤怒，感觉眼泪本来要夺眶而出，又被自己的怒火烧干。我顾不上自己本能的恐惧，只想把邪恶的灵体消灭掉，为我的弟弟报仇。一开始我掏出配枪向她射击，没有对她造成伤害。于是我一下子就蹿上去，紧紧地掐住灵体的脖子，想要把她消灭掉，我感觉她的脖子像水泥一样坚硬，虽然不是很冰冷，但是很难掐得动。

我还是不放手，死命掐着她脖子，直到最后把她消灭掉。

我感觉这个过程中我愤怒到极致，甚至于咬牙切齿地抱着哪怕与她同归于尽的决心，也一定要把她杀死。最后，成功地把她消灭掉之后，我又赶紧去回过头抢救我的弟弟。我抱着很大的希望，想要试图把他救活。感觉这时愤怒随着灵体的消失而逐渐消散，感觉非常痛苦和伤心，眼泪也止不住开始掉落，把弟弟抱出来放在床上，让他正面朝上仰躺着，给他做心肺复苏，不停地用双手叠在他胸前按压，直到他恢复了一点气息，我才放心停下来，有一种失而复得的感觉，我终于把他救活了。

高一的梦

梦里很黑暗很空旷，没有其他人，只有一个穿着黑衣服，全身黑色几乎会隐没在背景里的男人。感觉他就像我自己内生的一部分，非常安心，是我坚信并且想要追随的人。男人捂着手臂，似乎受伤还没有痊愈，我们之间从来都没有过对话，但是我可以感觉到男人受伤严重，伤痛难忍。但他非常不善于表达，始终是很沉默很隐忍，不会直接告知我他的感受和想法。

我慢慢地靠近他，他转过身来看着我，也不说话，脸上似乎是微微笑着，又似乎是没有表情很淡漠。但我不觉得生疏，还是觉得内心跟他有很深的连接。他看完我又转身回去，向远处走去，似乎是要离开，又仿佛召唤着我跟随他。于是我跟着他，不想让他从我的世界、我的视线中离开。我跟随着他，而且认为他也想让我跟随着他，就这样我跟着他走，一直到了一个陌生的房子里边。

那间房子里，一道门进去是一条通道，通道两侧有许多房间，都是互相连通着的，但是在一个房间里又看不到其他的房间。他走到其中一个靠内的大房间里，里边有很多人在等他。似乎这个男人是这些人的领袖，其他人都在等候着他安排事情。他在安排着那些人去从事各种工作，我就在靠外的一个房间门口等他，一直等一直等，他很久都没有出来，也始终没有跟我说过话。我觉得，是不是会等不到或者会失去他，但是心里还在坚持，希望能够等待下去。

等待的过程很辛苦，也很考验意志力，好在最终他出来了。可是他出来后又没有办法停留，也没有办法回应我的等待和我对他的感情。他穿过走廊经过我面前走出大门，似乎要去一个很远的地方，领着这一群人去做一件非常危险的事情。我有很深很强烈的预感会失去他，冥冥之中能感觉到他要去的地方，要做的事情，都是有去无回的诀别，我以后再也等不到他了。

尽管我之前一直都很乖巧、很懂事在等待，没有提出过任何要求。但是在这一刻，我终于忍耐不住，跟随他跑出来，从身后抱住他，对他说不要走。他之前跟我从来没有语言沟通，我们两个都是靠意念去沟通的。我提出要求说不要走，一开始心里有些忐忑，担心他是不是会坚持己见，决绝离开。可我希望他不要走，是因为不想让他去涉险，不想永远失去他，并不是任性撒娇，让他留下来陪我，满足我的私心。之后我又重复了两遍这个请求，让他不要走。在我说出来的同时，我心里有一种感觉，我越来越笃定，他听到了，并且会同意，他愿意满足我的请求。说完最后一遍我维持着从背后抱着他的姿势站了很久，结果也正如我所料，他确实没再移动，跟我说："我不走"。他说这三个字，让我感觉特别安心，我知道他答应我就确实会这样子做。感觉提出的要求被重要的人听到并应允，就再也不会失去他，我们可以永远在一起了。我非常安心，非常满足。

大一的梦

梦里感觉自己是一个很小的孩子，大概五六岁的样子，被奶奶带着去亲戚家串门。去到亲戚家里，亲戚是一对夫妻，首先感觉他们的房间比较逼仄。我和奶奶进去做客，很短的时间内就被囚禁了起来，分别关在两个不同的房间。房间类似于卧室，有简单的居住条件，但是房间门是锁死的，钥匙在那个男人手里，只有吃饭的时候会放我们出来，在他的监视下在客厅里吃饭。

奶奶是一个成年人，她没过太长时间，就趁机溜走逃了出去。但是她没有带上我，我被囚禁在屋子里。那个男人非常不想让我和奶奶离开，所以之前才囚禁了我们，现在奶奶的逃离让他更加愤怒，对我的监管也更加严格，以避免我再从他手里逃走。每天他都会开门让我出去吃东西，虽然没有惩罚、没有暴力的行为或者辱骂、没有造成任何实质性的伤害，但是那个氛围让我非常恐惧，我觉得自己随时都会死去，会被他杀死。只要让他不满意，让他认为我会离开他，离开这个房子，他就会把我杀掉，所以我非常听话，没有表现出丝毫想要逃走的意图。

每次去在客厅吃饭的时候，男人总是会蹲在客厅中间，女人则站在他身后。男人从来没有站起来过，永远是蹲着，然后以一种很阴鸷的目光盯着我吃饭，盯着我的一举一动。感觉他蹲下来，目光跟我身高差不多是齐平的，盯着我看的眼神非常阴郁狠厉。哪怕男人一言不发，没说过一句话，他身上的气息给人的感觉非常危险和压抑。女人始终站在男人身后，保持一点距离，这个距离似乎也是被圈定好，不是紧挨着，但也从没拉远过。女人一直对男人亦步亦趋，唯命是从。女人几乎没有任何情绪，就像一个机器人服务于男人。他们之间没有交流，女人只是低垂着眼，非常顺从地揣度并遵从男人的指示。她从来没有直视过我或者男人，我感觉女人顺从的同时也有很强烈的恐惧，因为男人在某种程度上也控制着她，不让她离开自己，不让她离开这个屋子。一旦女人也想离开的话，她也会受到强烈的生命威胁，哪怕她跟男人现在的位置如此亲密，以及对男人如此服从。

终于有一天，男人放我出来吃东西，我在客厅里面，思考怎么才能够逃离这里。我瞄到大门留了一道缝隙，于是就趁他没有盯到我，没有注意到我的一瞬间，赶紧打开大门，飞快窜出，从楼道跑下楼，逃离了这个房子。我感觉男人就在身后，但他不能离开那个屋子，只能在屋子里怒不可遏地咆哮，试图把我抓回来。但是从我离开房门那一刻，他其实就没有能力再把我挟持回去。

就这样，我终于逃离那个环境。但是因为我还是一个很小的小孩，我不太能够辨认回家的路。我走到了一个小巷里边，又看到几个小混混模样的人试图拦截骚扰我，这时候我的年纪比之前五六岁要稍微大一点，可能十来岁的样子，我一路狂奔，躲过了他们的围堵。

研二的梦

梦里我处于一个旁观者的位置，以看录像带的方式，回顾我曾经从小到大经历的事情。我最先看到自己从很小的时候，从出生起似乎就是不被母亲所接纳的。因为我身上的一些特质令她感到恐惧和排斥，她不能够理解我为什么有那些特质，便解释为基因遗传使得我生来如此。这些特质主要是指我情绪强度大，喜怒哀乐非常激越，也容易情绪化。她为此对我有过抱怨，我印象深刻记在心里，认为自己生来先天不足，所以会很刻意去努力矫正自己，压抑自己情绪化的部分，试图用理智压抑感情，让自己变成明理懂事的样子，来得到她的认可和接纳。那个时候我已有隐隐的感觉，知道自己从出生开始，就有一部分天性或者性格不被母亲所接纳，没有被她无条件包容与爱护。

再长大一些，大概到 12 岁的时候，又看到父亲因为出轨抛妻弃子，丢下了我和母亲，还有刚出生的弟弟。这个阶段我遭遇了重大的家庭变故，因为被父亲抛弃导致的绝望感让我性情大变，心理受伤十分严重。我从此不相信感情，更加极端压抑情绪，将自己的感情、感受都封闭了起来。以至于后来初高中六年这个阶段内，自己都像活死人一样失去了感情和感受，一切都靠思维理智来调动身体去完成学业，完成老师、家长要求的任务，完成自己应该做的事情。至于其他，尤其是感情、感受方面的东西，已经完全无法察觉，更无法疏解，犹如行尸走肉，或者像机器一样在运转。

到高中接近尾声的时候，又看到画面中展示出，自己跟从小学开始互相喜欢的男生决裂的场景。因为那个时候自己已经非常痛苦，陷入了一种极度困顿的绝境之中。哪怕小时候我的情感浓烈，曾经那么喜欢爱慕，有很强烈的情愫，但是在心灵受伤的过程中，我已经完全屏蔽了感情，最严重的时候连任何情绪都没有，仿佛是一个没有感情的机器。在这种绝对无情的情况下，唯一仅存的，只有对喜欢男生的一些爱恋和依恋，但是理智又告诉我，不能这样子去跟对方亲近，去开始一段亲密关系，因为害怕自己绝望的状态会连累到对方。也有自尊和自卑的因素，认为自己已经处于深不可测、黑不可见的谷底，不愿意向他呈现这么不堪的伤痕累累的自己，也不愿意以求救的名义把他拉下深渊。所以当时我就毅然决然、非常决绝地拒绝了他的告白，斩断了大概七八年的青梅竹马之谊。在画面里可以看到，那个时候我很冷静，很理智，但是作为旁观者的现在的我，看着曾经的画面，感受到的都是异常的痛苦。当时那种混沌的情况仿佛再一次席卷而来。

紧接着一直到大学，从初中到大学十年时间，我也都是行尸走肉一般，像死人一样活在这个世界上。直到大学才开始逐渐的放松，以及研究生阶段自我意识的觉醒，我才逐渐恢复了感觉知觉以及对于情绪的感受、对于情感的需求。这是一个逐渐复苏甚至复活的过程。

最终画面似乎和旁观的我合二为一了，好像两条时间线，最终都同归于做梦的这个现实时点，也就是现在的我。梦中我旁观、历数以及见证了自己曾经遭受过的一切。因为非常痛苦，所以我产生了一种想要回到过去，重新拯救自己，重新矫正过去的愿望。如果以前那些困境都没有发生，现状就不会这么不尽人意，现在的自己也不会这么痛苦、这么艰难。但是理智又告诉自己，在过去每一个经历困难的时点，我都做出了最理智、最完美、最优解的选择，我已经尽力了，一切都是最好的安排，我应该可以不留遗憾，也不必悔忆曾经了。理智给了内心的痛苦以解释和安慰，但我心里还是很酸涩，泪意泛上心头。

心理陪伴下的第一个梦

梦中我和妈妈、弟弟来到了地狱，见到了一个像撒旦恶魔的男性，他身高至少 2 米，皮肤血红、强壮魁梧、头上长角，但他的态度友好耐心，为我们做讲解。他说他是这片地狱的领主，我们来到这里是因为在阳间的时间用尽了，来到地狱可以通过为他工作赚取积分，使用积分兑换时间就可以重返人间。之后他带着我们和其他时间耗尽来到地狱的人，像游客一样游览他的领地，并讲述我们的工作内容。

我感觉这个恶魔虽然没有表达，但是对我似乎有好感，我们之间很默契，他对于我和家人也非常照顾。他的领地下层另有一处深渊，其中生存着许多怪物，深不可测。他带我们一行人来到深渊边缘，告诉我们要做的就是，捕捉或者消灭在深渊最外围存在的一种恶灵。恶灵的长相与人类无异，但狂暴时会变成厉鬼。

恶魔给每个人发放了用来对抗的道具，在我们工作时，他出于监督和保护的目的，就在附近不会离开。在我工作时，曾遭遇了深渊深处的怪物，他们完全丧失了人类的外形和思想，身体异变畸化非常可怖。一次他们跑到深渊外围觅食和巡视，路过我们，恶魔就把我们隐藏起来，用他的气息掩盖住我们，那些怪物似乎很忌惮恶魔，都不会靠近，也不会停留太久就匆匆离去。

那是我第一次见到深渊里的怪物，我认为他们与外围恶灵有联系。随着越来越深入深渊，怪物的异变程度越高、越强大、暴戾、凶残、可怕，而深渊本身就是怨念的集合地，怨念越深就越危险。之后我们又遇到了一次怪物，这次是深渊最深处最巨大、最恐怖的大 boss。他并未整体出动，只有头部的一部分破土而出，在地面上巡视。就连恶魔对他也颇为忌惮，跟我们一起躲起来，并隐藏了所有的气息。大 boss 怪物露出的脑袋上，有巨大浑浊的眼珠，几乎没有视力，鼻子翕动主要靠嗅觉辨识。大 boss 头部露出的部分，就像深海巨鲸露出的冰山一角，无法想象深渊有多深，隐藏的怪物躯体有多大。

大 boss 和其他怪物都有许多肢节，像蜘蛛或蜈蚣一样爬行极快，只不过大 boss 肢体巨大无比，每只手臂都像恶魔一样大。大 boss 闻了一会儿没有发现异常，便缩回土里去了。在随后一段时间里，我逐渐攒起了三五百积分，大致可以兑换三五年时间。我便跟母亲商量，一同返回人间，可是母亲似乎表现得并不热衷，认为留在地狱也不错，回到人间后，时间用完也还得再回来，岂不是更加麻烦。

我见母亲不愿回去，非常气愤，因为她不知道利害，没有坚强的意志力。我就努力说服她：首先，我们是人，这里是地狱，就算和鬼生活在一起，我们也不是鬼，这里不是我们该待的地方。永远不能忘记自己的身份和归属，不能乐不思蜀。其次，地狱里看似安全平稳，可难道就没有危机吗？有没有想过地狱之下的深渊，以及那些怪物是怎么来的？我认为那里是怨念集中的所在，如果被卷入被感染，那么会一步步变成毫无人性的怪物。去人间再不济，就是回地狱打工，赚积分努力回人间，可在地狱待着就很有可能被怨气同化，变成行尸走肉，失去自我。最后，这不只是我与母亲两个人的事，她还带着三四岁的弟弟。弟弟那么小，没有自主判断力，也不懂这些现实，还未经历过不同情境，不能形成自己的选择。母亲的选择就是弟弟的选择，母亲一人留下没什么，对自己负责即可，可是不能把弟弟也留在地狱，这对他太不负责任了。终于，母亲被我说动，她默默没有说话，思考了一会儿，同意我的决定，我们最终一同回到了人间。

心理陪伴下的第二个梦

这个梦距离上一个梦有两个月的时间。梦中我就读于一所魔法学院，类似于小学、初中、高中集一体的综合学校。入学后，我们被一对一分配了同桌，一男一女组成一对儿进行往后的学习。我的同桌正是小学时的同桌，那个我喜欢的男生，不过他的面貌是模糊不清的，在梦中我也是暗恋着他，但是不确定他对我的感觉，我们也都没有明说。在学校里，我们几乎如影随形，时刻形影不离。

在一片空旷的场地里，我们好像是在排队。我看到外面有许多同学，人群中有个熟悉的身影，在遥遥望向我，我仔细朝他看去，他也是我小学喜欢的那个男生。我心里诧异，为什么会同时有两个他？我能感受到他们的区别，身边这个虽然长相不是他，但是跟我的互动、对我的照顾、产生的情愫却是熟悉的感觉。远处那个虽然样子一模一样，在盯着我看，似乎和我有某种联系，但他身边已经有了新的人作为搭档，而且他不会照顾我，虽然跟我有互相喜欢的暧昧氛围，但我们都很清楚，我们的关系仅限于遥遥相望，彼此都不会再向对方靠近了。

我思索着愣了一下，很快就抛到脑后，和我的搭档一起离开了。后来我们要去一个类似图书馆的地方上课。从外面看整栋建筑不大，里面却有成千上百层。我们上课的教室在三百多层，我很诧异该怎么上去。管理员指导我们坐上一个类似电梯的简陋设备，两个并排的座椅被缆绳垂直吊着，像秋千一样。我们坐上去扣好安全带，管理员让我们等待20分钟，等下启动“电梯”，我们就可以上升了。我看着头上无尽的黑暗，感到不安，询问管理员：“电梯真的安全吗？我们怎么知道自己到达了要去的楼层呢？”管理员看着我，笑着回答说：“听到我喊‘到了’，解开安全带，纵身一跃就可以到达教室。”我对此虽然仍有疑惑，担心万一跳慢了一点或者跳不准该怎么办？会不会有危险？但看着她的表情，似乎这是一件十分寻常妥善的事，我也慢慢静下心来，没有再追问。

等待的过程中，秋千有轻微的摇晃，我的嘴不小心碰到了同桌的脸，我很尴尬，既害羞又紧张。他表情淡淡的，问我：“你亲我干嘛？”我连声道歉，说自己不是故意的。我以为他不喜欢这样，要生气的时候，他扶着我的脑袋，亲了我的嘴唇一下，对我说：“我很喜欢。”我听了既惊喜也害羞，感觉他也是很喜欢我的，刚才是明知故问在逗我。

很快，电梯启动了，我们极速上升，在听到管理员的指示后纵身一跃，落在一片空旷的场地上。这个教室仿佛是一个独立世界，非常之大，没有边界。地面是龟裂成一大块一大块、类似戈壁的土地，板块之间有不宽的缝隙，下面深不见底，有点类似排列紧凑的梅花桩。老师是两名老者，他们也是几十年配合默契的老搭档。旁边放着两只大铁笼，分别关着一只高大凶猛的龙，长相类似迅猛龙。

课堂内容就是学习如何驯化龙。两个老师先放出其中一只，游刃有余地训练，也让我们稍微接触了一下。接着把另一只也放出来，两个人操纵诱导着两只龙，配合默契，同学们距离很近地围了一圈。突然其中一只龙朝同学扑来，同学们四下逃窜，老师任由龙追逐着学生。我拉着搭档跳到一片安全的板块上，看到龙在追赶其他同学，我留下搭档飞速瞬移过去救援。尽管我没有驯龙的经验和知识，但我变得力大无比，凭借本能抓住龙尾巴，将它拎起来甩出去，救下了附近的同学。可是龙飞出去的方向，正是我搭档所在的板块。我心下一惊，又赶紧瞬移过去，可是时间已经来不及再将龙移走，我只好推开搭档，准备自己去迎接即将落下来的利爪……

就在我认为自己必死无疑，准备慷慨就义的那一刻，突然一片圣洁的光芒笼罩着我们，照亮了整个世界。空中悬浮着一名展开双翼的女性，正是一层大厅的那位管理员，这时我突然意识到，她的真实身份是这所学校的校长，或是教导主任之类的高层管理者。她全身散发出柔和明亮的光芒，刚才正是她微微抬起手，使用神力定格了时间，让我从龙爪下逃过一劫。静止的时间下，她神色悲悯地看向我，对众人说：“这是一个对勇气和善念的考验，只有这位同学站了出来，牺牲了自己。她通过了考验。”说完她一挥手将龙关进了笼子，解除了静止的时间。

我心中的感触瞬间千变万化，从原先对死亡的恐惧，到后来接受命运的坦然，再到最后被救赎、被认可、被大家称颂道谢的自豪。那个女人还漂浮在空中，眼神带着认可和深深的悲悯与疼惜，我们一直对视着对方的眼睛，她似乎微笑了一下，然后消失了。

心理陪伴下的第三个梦

这个梦距离上个梦有三个月的时间。梦中我有一位女性好友，感情甚笃，但自从她结婚后，我们的交往变少，不再那么亲密。有一天她邀我去她家做客，我欣然前往，到达后却发现她与婚前不太一样，变得对她的丈夫唯唯诺诺，唯命是从，像是被那个男人洗脑了一样。开始我没有觉得太多不妥，但喝了她给我的饮品之后，我的身体逐渐不受控制，才知道她已经完全不是我曾经认识的那个好友。

我听到她与丈夫的对话，了解了事情的原委。原来是她丈夫指使她给我下毒，是为了阻止我参加一年一度的全国格斗大赛。虽然我不在乎名利，也无意参与争斗，参加比赛不过是件平常事，但因为我往年都是第一名，所以他们想暗算我以夺取冠军。失去知觉后我努力睁着双眼，保持着理智，我看到男人让女人出去，随后拿着一把长长的大砍刀走进房间。我看到他在卖力挥砍我的身体，但我完全没有知觉和痛感，也看不到自己身体的惨状。在挥砍了十几下后，他大概认为我已经死透了，便拿着砍刀满意地离开了。在整个过程中我没有丝毫恐惧，反而有种放空、空灵的感觉，甚至带着一丝嘲讽和悲悯旁观他行凶，似乎我认定他做的一切都是徒劳，他所追求的名利和对我的伤害，到头来终归是一场空。

男人走后，我的身体逐渐恢复了知觉，但仍旧不觉得疼痛，只是感到身体部位在不断地靠拢、拼凑、愈合，重新组装在了一起。我的身体似乎是机械一样，由零件组合而成，不死不灭，不会消亡，只要各部位的零件安装完成，就能够重新启动。大概二三十分钟后，我的躯体就恢复如初了。我从地上站起身，心中怀着复仇的念头去找那一对男女。我感觉重生后的身体得到了强化，变得像金属一样无坚不摧，并且拥有了一双机械翅膀，展幅巨大，我一路飞行到达了比赛现场。

不出所料，他们确实去参加了那场全国格斗比赛。我到达时比赛刚好结束，宣布男人取得了冠军。于是我向他提出挑战，比赛规则允许通过挑战冠军来抢夺冠军头衔，因此他必须接受我的挑战。往年我是冠军的时候，因为是碾压性的胜利，所以从来没有人利用这条规则挑战我。我明确地向男人提出以生死分胜负，这既是挑战，也是复仇。男人看着我，神情异常惊恐，他既震惊于我的死而复生，又恐惧于他的必死无疑。

随后我不费吹灰之力，轻描淡写地终结了男人的生命，接着我悬浮在空中，张开巨大双翼，在台下人群中寻找女人的身影。我一眼就看到人群中的女人，她怀里还抱着一个新生的婴儿，熟睡在襁褓之中，周身散发着柔和的光晕。我在看到婴儿的那一瞬间，有种奇妙的感觉，似乎我们之间有种天定的连接，那个婴儿注定是属于我的。我平静地对女人说："我的仇已经报完了，伤害我的人已经死了。念在我们从前的情谊上，我不会杀你，但我们从今往后就恩断义绝了。而且这个婴儿我要带走，因为它是如此纯洁无瑕，干净纯粹，富有天赋和希望，我不能让他被你抚育长大，也不能让他被污浊所玷污。"说完我俯身，不容拒绝地抱过婴儿。我认为女人并没有意图和理由拒绝我，因为这个婴儿天生就该是属于我的。

我怀抱着婴儿展开双翼，向远处照射云层的阳光方向飞去。我笃定我们要去的是一个光明、温暖、美好的地方，我也会将婴儿视如己出，将我毕生所学倾囊相授。朦胧的阳光照在云端和我们身上，宛若圣光，我心怀悲悯、安宁和平静，离开了脚下的土地和人群，向着光芒飞去。

A 女士的七个梦境就像神话故事一样充满神秘色彩，也充满了冲突与张力、危险与解救。即使 A 女士自己，理解这七个梦也并不容易，因为理解梦需要意识舍弃自己的强大，俯身下来，以求知的心，以象征的眼，细致觉察无意识推送出来的画面与感受。

在第四个梦境中，也就是 A 女士就读研究生时期的梦境中，A 女士生活中的创伤已经呈现出来。A 女士感觉自己一出生就不被母亲接纳，母亲似乎一直不喜欢她的性格，认为她的情绪过于激烈。12 岁的时候父亲出轨，A 女士有被抛弃的绝望感。高中的时候，从小互相喜欢的男生向自己表白，A 女士怕自己内在的绝望影响到他，也不愿意以这样的状态向别人求救，于是拒绝了男生的告白。在困境中，A 女生将自己的情感隔离，麻木地做着该做的事。

就个体发展而言，婴幼儿时期母亲的接纳至关重要；青少年时期开始学习和异性相处，父亲对女孩的情感支持很重要；青年期真实的恋人关系开始建立，恋人之间共享的亲密很重要。A 女士的成长中，每个阶段的支持性力量都变成了打击性因素，她的内心世界伤痕累累。

A 女士在现实生活中，用情感隔离的方式应对创伤，以强大的意志力投入到学业中，她的生活看起来平静顺利。但被隔离的部分不会消失，它们会保留在无意识之中。当然无意识之中，不仅仅有这些创伤，还有更为强大的自我拯救的力量。在A女士的梦境里，她总是面对着巨大的困难，但她总是能够召唤出强大的超能力从而化险为夷。梦境就是A女士的内在世界，困境中的恐惧、无助与绝望正是被隔离起来的情绪，而强大的超能力既是A女士现实中的意志力，也是A女士精神激越的表现。也就是说有的人用躯体反应表达心理压力，而A女士的心理压力更可能激发其精神活动。

再来梳理一下A女士的成长经历：A女士足月顺产，父母自由恋爱结婚，婚后感情好。A女士一岁半之前和父母一起生活，一岁半至三岁之间离开父母在奶奶家生活，三岁被接回父母身边上幼儿园，之后一直和父母生活在一起。12岁的时候弟弟出生，同时母亲发现父亲出轨，两人的争执让A女士也知道了这件事。初中高中阶段A女士和母亲弟弟生活在租住的房子里，高二的时候，从小互相喜欢的男孩向其表白，A女士拒绝了对方。大学生活住校，校园离家远，A女士不常回家。大学毕业后A女士出国留学两年，研究生毕业后回国就业。

A女士的心理成长史，比她自己觉察到的更为复杂。第一个梦境和第三个梦境中，都有奶奶出现，A女士对幼时在奶奶家生活的记忆已经非常模糊，她是在充分理解了父母对自己的影响之后，才意识到奶奶对自己的影响。A女士一岁半离开父母住在奶奶家，奶奶是一个极为暴躁和严厉的人，虽然奶奶从来没有责打过A女士，但A女士始终以一种极力迎合奶奶的状态生存。因为奶奶喜欢不贪嘴的孩子，小小的A女士从来没有表达过想吃零食的愿望；因为奶奶喜欢爱学习的孩子，小小的A女士很快就能背诵出奶奶教的古诗……那段生活的感受复苏的时候，A女士内心充满恐惧和羞耻，对奶奶的威势充满恐惧，对自己内心有欲望充满羞耻。

回到父母身边读幼儿园，A女士总是感觉不被母亲喜欢。母亲不喜欢自己情绪激烈，经常处于崩溃状态。A女士不断学习压制自己的情绪，但压制情绪以及不被母亲所喜，又会带来更大的情绪爆发。在A女士和母亲有冲突的时候，父亲是最温暖的存在，A女士和父亲关系很亲近，父亲永远充满热情，总是会毫不犹豫地满足A女士的要求。和父亲的关系，是A女士童年时光中最美好的感受。

弟弟的出生，让A女士有一种感觉，认为母亲一定是觉得第一个孩子不好，才生了第二个孩子。没过多久，母亲发现父亲出轨，精神受到很大打击。母亲的崩溃让A女士和母亲站在了一起，她成了母亲最信赖的人，也成了母亲的精神支柱。在这个时候，A女士陷入了最大的困境，父亲带来的抛弃感、母亲带来的绝望感，全面占领了A女士的内在世界。作为12岁的少女，刚刚产生对异性真正的好奇心，家庭的变故，让A女士一下子回到了婴儿时期的母婴共生状态。这是A女士的需求，更是母亲的需求，她们只有在一起才有力量渡过困境。

在初中和高中阶段，A 女士和母亲紧密地联系在一起，互相鼓励彼此支持，共同爱护弟弟。高二的时候，从小互相的男生向她表白，母亲鼓励她和这个男孩相处。一方面是因为男孩很优秀，一方面是因为 A 女士已经很封闭自己，几乎没有朋友。A 女士考虑再三，拒绝了男孩的表白，尽管她非常非常喜欢对方。拒绝在 A 女士看来，是最理性最正确的决定，但这个决定再次重创了她的内在世界，她几乎不再有可能和男性世界产生关联。

A 女士生命中的两位女性，都对她产生了非常大的影响。面对奶奶她充满恐惧感和羞耻感，面对母亲她充满拯救感和融合感，两位女性侵占了她的内在世界，让她很难获得自己的生命力。父亲本来是最大的支持力量，但父亲的出轨让她绝望，也让她对男性失望。女性世界的负性力量席卷了 A 女士，而男性世界的负性力量又推开了 A 女士。在极端困顿之中，A 女士拒绝了男孩的告白，也拒绝了通向男性世界的道路。

所幸 A 女士在现实世界中的努力给了她很好的回报，她学习成绩很好，顺利就读大学与研究生。这两个阶段离开家去外地生活，给了 A 女士休养生息的机会。A 女士不断反思自己的成长历程，梳理自己所受到的影响，同时保持与父母之间的深入交流。这段时间里，如同 A 女士一样，她的父母也在反思并调整着自己的生活状态，家庭中的每一个人都开始了自我救赎。

回到 A 女士第一个梦境，这是初中时期的梦，梦中的 A 女士是一个警察，在调查案件，罪犯是一个用小孩心脏为复活母亲的男人，孩子在梦中都是牺牲品。这正是 A 女士初中时期的状态，她正是用自己的生命力拯救着母亲，在当时她觉得所有的伤害都来自父亲。A 女士的第二个梦境，是高中时期的梦，梦中她和心爱的男人心意相通，这是 A 女士对两性关系抱有的美好愿望，梦中男人身上既有父亲的影子也有初恋男孩的影子。

A 女士的第三个梦境，是大学时期的梦境，梦中她和奶奶被一对夫妻囚禁，奶奶逃走后她只能自救，逃出那个屋子后，发现那对夫妻没有追出来的能力，而那个男人囚禁自己是因为害怕被抛弃。现实生活中，A 女士离开家，开始了住校生活，也逃开了那些日常的负性刺激。与此同时，A 女士也不再单纯地将一切错误都归咎于父亲。A 女士的第四个梦，是研究生时期的梦，梦中她像看电影一样回访了自己的创伤，这个时期的 A 女士已经拥有了自己的独立性，也可以将自己身上承载的父女关系和母女关系分开来理解，她的情绪也不再强烈地卷入到过往的体验里。

在前四个梦境中，我们可以看到 A 女士自发的修复与疗愈一直在持续，梦境是疗愈过程的见证，也是疗愈进行的渠道。梦境一直忠诚地呈现着 A 女士的内在感受，让它们不被回避与隔离，让它们有机会浮出水面。

研究生毕业后，A 女士在心理咨询师的陪伴下，开启了更为深入的自我探索，在六个月期间她做了后面三个梦。第五个梦境中，A 女士将母亲和弟弟带出了地狱，人间与地狱之间并没有被完全隔绝，大家用工作积分换取了回到人间的机会。地狱中的恶魔也不是十恶不赦，但地狱下面的怨念深渊是所有人都不愿坠落其中的。这个梦里 A 女士开始放弃自己的超能力，对 A 女士而言这是一个进步，她更加能够接受现实中的一切事实，也不再强烈地期待自己可以拥有全能状态。

第六个梦境中，A 女士和恋人一起搭档去驯龙，危急时刻 A 女士舍身救人，但最终被更为强大的女性所救，梦里出现了积极的母性力量。在这个梦中 A 女士第一次可以依赖别人的拯救，这当然也是一个进步，它意味着 A 女士可以接纳自己的弱小，也可以真正信任一段关系。母性力量的支持，也为 A 女士疏解了通向两性关系的阻碍。

第七个梦境中，A 女士被一对夫妻所伤害，以至于失去了生命。但躯体的死亡不能阻止 A 女士精神的复活，当精神的力量注入回躯体后，A 女士用比赛的方式杀死了作为主谋的丈夫。随后她宽恕了无能的妻子，从她手中救走了新生的婴儿。A 女士心怀悲悯与安宁，怀抱婴儿飞往光明与温暖的地方。这个梦中 A 女士允许自己死亡，这意味着她可以接纳以往经历中自己所有的脆弱；宽恕那个妻子，意味着她开始与女性世界和解；怀抱婴儿飞往光明与温暖，意味着 A 女士已经拥有了自我养育的能力，那个被呵护的婴儿正是新生后的她自己。

“我出来了”

B 女士的基本信息：汉族，20 岁，独生女，居住地为南部某省地级市，在中部省份二本院校就读，大三年级，学校住宿。母亲是银行工作人员，工作稳定，收入稳定。父亲工作不太固定，和别人合伙做些生意，来访者初中之前父亲收入丰厚，之后收入逐渐减少。家庭整体经济状况较好，来访者平时生活花费较为宽裕。父母均与自己的家族联系紧密，两边都是多子女家庭。

B 女士前来求助的原因：6 月份和舍友在宿舍跳绳，出现头晕、冒汗、乏力、失眠现象，担心身体出现大问题。之后睡眠持续不好，自认为是长期以来的耳鸣所致。9 月 16 日看到明星自杀新闻后，不断回想细节信息，内心恐惧，难以入睡，几天后情况好转。近期家中小狗去世，担心母亲难过，耳鸣情况加重，左右耳均有类似机器发出的有节奏的持续的嗡鸣声，在睡前和初醒时感受清晰，自认为与死亡话题引发的焦虑有关。10 月 8 日预约，10 月 10 日开始第一次工作。基本工作节奏是每周一次，一次一个小时。

B 女士第一次见咨询师的时候，穿着得体，语言表述清晰；行为拘谨，在单人沙发就坐时只坐三分之一面积，身体大幅度前倾；即使言语内容涉及强烈恐惧，也总是保持微笑，情绪难以自然流淌。对咨询师言语内容快速附和，有“恍然大悟”的夸张表情。看上去 B 女士是一个努力维持乖巧、礼貌、懂事形象的“好学生”。

B 女士的成长信息

B 女士的基本成长史：父母自由恋爱走入婚姻，两个家庭都同意。婚后两个月怀孕，顺产，23 岁生下 B 女士，对孩子有期待，是父亲家族的第一个孩子。母乳喂养到一岁，身体健康，没有生过重大疾病，也没有遗传性疾病。

早期养育中，B 女士一岁前主要和妈妈及奶奶生活，爸爸在外地，大概一周回来一次。一岁到两岁，母亲工作调动，主要由爸爸和奶奶照顾，妈妈一周回来一次。三岁到五岁，一家三口和爷爷奶奶一起生活。上小学时全家与爷爷奶奶分开居住。六岁以后虽然自己有独立房间，但一直到四年级之后才和父母分床睡，后来还常去父母床上睡。

幼儿园大班时外公去世，电话通知父母时，B 女士接了这个电话，别人说“外公走了”，自己当时很开心，以为是外公能起来走路了，所以跑着地去告知父母，但父母脸色凝重匆忙出门，这让自己疑惑又害怕。葬礼上也有这种感觉，当时只有孩子们在一起，没有大人去陪。之后半夜去厕所回来，看到父母熟睡，会担心他们是不是死了。B 女士此后经常能体验到疑惑又害怕的感受。

父母对待 B 女士有很大不同，妈妈严厉教导事事参与，经常打骂，在母亲吼叫声中 B 女士常常处于身体僵住的状态。父亲从不打自己，但对自己的学习一无所知。父母经常争吵，自己会跪在床上默默祈祷他们和好，也会承诺磕一百个头，认为做到他们就能和好，但往往磕不到那么多次就睡着了。

四年级成绩不太理想，一直有课外补习。初中升学成绩不好，去不了理想学校。母亲打听到一所位于省城、需要住校的高收费民办学校，让其选择。B 女士像抓住救命稻草一样去了那里，开始住校生活。原以为能上这个学校是一个机会，但不知道初中是一段非常煎熬的日子，因为非常非常想家，这段日子成为其记忆中最漫长的三年。之后 B 女士一直有着“幸运与困境相伴随”的担忧，难以单纯地快乐。初三曾在某次考试失利后出现耳部不适。高三出现耳鸣，中医针灸和按摩后缓解。多次在医院检查没有器质性问题，但耳鸣常出现。

初中阶段 B 女士对父母关系不良非常紧张，总认为是自己离家去外地上学所导致。高三所在地发生火车站恐怖袭击事件。B 女士非常恐慌，虽然自己走读生活中有外婆照顾日常，父亲还是来陪伴了一周时间。

高中毕业自己做主填报志愿，选报学校都离家很远，最终录取的学校离家有两千公里，坐飞机往返。大学期间前两个国庆节都回家，和父母一起过假期。从初中住校开始每天都要和妈妈通电话，和爸爸也会两天一次电话。经常担心父母生病、出事故。耳鸣在假期几乎不出现，开学往往是耳鸣比较严重的时候。

B 女士的心理成长史：梳理 B 女士基本成长史，发现其与母亲的关系充满矛盾，一方面直到四年级才分床睡，对母亲极其依赖；另一方面由于母亲打骂，对母亲非常恐惧。其内在感受从未得以表达或得到呼应，反而总是观察和迎合母亲情绪以讨其欢心。观察与迎合成为基本人际相处模式后，真实情绪更加隔离，甚至以截然相反情绪，或者躯体形式呈现。B 女士记忆中虽然早期基本正常，但母亲对其情绪的呼应明显不足。姥爷去世这件事，B 女士记忆最清晰的是父母对自己完全忽略、面色凝重出门、自己情绪由开心转化为恐惧以及对所发生的一切无从理解的茫然状态。B 女士自我情绪隔离、消极母亲意象以及死亡恐惧这时都初见端倪。

初中阶段正值青春期，是自我统一感确立关键期，对于本就难以与母亲安全分离的 B 女士来访者而言，自我确立危机再次雪上加霜。住校生活只让在规定时间与母亲通话，B 女士晚上偷偷用手机和母亲联络，遭到严厉批评及没收手机，于是经常晚上默默哭泣直至睡着。此时激荡的情绪没有被理解的机会，还需要面对独立生活和适应新环境的压力。B 女士内在孤独无力，外在强颜欢笑，宿舍及同学关系，都在极力迎合。高中阶段开始走读，家里在省城买了房子，外婆住在省城照顾 B 女士的生活。

高考结束 B 女士自主选择大学时，选择的学校都离家非常远。其内心感觉自己无论上大学还是未来工作，都一定会离家比较远。这里我们可以看到某种矛盾状态，一方面每天和妈妈电话联络，一方面选择身处远方。这似乎是在重复着初中生活，所不同的是这次由 B 女士主动选择。

对 B 女士困扰的基本判断

B 女士的困扰在于：死亡情结、母亲情结、自我情结引发的躯体表达。

B 女士求助之初明确提出两个核心困扰，即耳鸣和死亡话题焦虑。访谈中了解到 B 女士初三曾在某次考试失利后出现耳部不适，后自行缓解。高三出现耳鸣，中医针灸和按摩后缓解。后来耳鸣常出现，但多次在医院检查均没有器质性问题，B 女士认为耳鸣与自身心理状态有关。耳鸣最为严重的时段为入睡前和刚醒时，两时段身体均接近静息，也是最类似死亡的状态。中医五志思想认为肾脏蕴含恐惧，肾开窍于耳，听觉功能与肾气盛衰有密切关系。其求助时机也与死亡话题有关，在其成长史中也可以多次看到死亡或危险事件导致的心理生理变化。

恋母情结在B女士身上也有非常明显的表现，且多以躯体不适来应对。举两个例子做说明，一个是B女士六岁时因练琴受母亲打骂，随后出现腿部麻痹状况，奶奶发现后提醒母亲，母亲态度由斥责变为呵护。一个是近期B女士与父亲通话得知其将从外地回家，后与母亲通话提及此事，母亲表示自己竟然不知道，有些不开心。B女士挂断电话后内心惴惴不安，觉得自己鼻子很疼，于是再次拨电话告知母亲自己鼻子难受，母亲表示关心之后B女士才安心。

B女士自我不够稳定，她感觉白天融入热闹环境，过度迎合别人，晚上独处才能真实地感觉到自己，两种感受割裂明显。有时感觉自己是一个由爷爷奶奶、外公外婆、爸爸妈妈拼凑起来的人。压力大的时候，B女士会在入睡前通过动动手指的方式来确认自己是否有感觉，这与害怕失去知觉及恐惧死亡有关，也是通过身体反应体验身心统一感。

前两次沙盘之间的联系

前三次面谈中B女士讲述了自己的核心困扰以及成长中的重要事件，还讲述了一些日常生活信息，包括和父母之间的电话交流以及自己的琐碎生活。B女士在面谈中去体会自己日常的交流模式，逐渐察觉在与他人交谈时，自己看似询问他人意见，但内心并不真正期待他人的帮助。这三次谈话虽然话题很少直接涉及耳鸣和死亡，但B女士的耳鸣现象出现短暂消失或者声音减弱。

三次面谈之后，B女士在咨询师建议下尝试了沙盘游戏。第一次沙盘之后，B女士主动提出继续做沙盘，于是做了第二个沙盘。这里将第一盘和第二盘放在一起分析，不是因为它们在工作时间上紧密相连，而是它们之间有着紧密，甚至是妙不可言的联系。

B女士视角（第一盘）

B 女士视角（第二盘）

这里先简单描述一下两个盘之间的关系，再详细说明 B 女士做盘过程。

如果将第一盘划分为三个区域，左上角有三个建筑物，分别是医院、写字楼大厦（黑色）、百货商场，建筑物前面除了警察和医生之外，还有四个背着包的行人。右上角有一栋别墅和客厅卧室的陈设，是一个家庭场景，还有一对抱着孩子的父母。盘的中心位置有一个背着包的小女孩，小小水域中的一朵莲花，水域以及清晰沙痕向左下方延伸。

与之相对应，第二盘也可划分为三个区域，左上角有一栋黑黝黝、顶上有破洞、没有门的屋子，屋子前面有猫头鹰、提灯人、黑猫在守护。右上角有一栋小别墅和一对父母，孩子脚踩地面手抓母亲长发，父亲很瘦小，孩子坐在父亲肩头。中间区域四个食草动物朝向左下角，似乎准备穿行通过有破洞的院门。

对比两个沙盘这三个区域，它们之间分别呈现出黑白、大小、动静对比关系。白天热闹的街道人流与黑暗阴森的破屋形成黑白对比；大别墅及内景中慈爱和谐的父母与小别墅及女强男弱的夫妻形成大小对比；女孩被沙痕阻隔不能融入人群与四个动物准备穿行通过形成动静对比。第一盘白、大、静，第二盘黑、小、动，它们阴阳互补，在不同主题上呈现出对立的两面。

如果我们仔细观察，这三个区域恰恰暗合之前提到的三个情结，左上角的警察与医生守护着安全与健康，抵御着疾病与死亡；右上角的夫妻关系以及亲子关系是家庭中核心人际关系，承载每个人的情感情绪；中间区域正是主人公正在进行的艰难的自我探索之旅，有前行方向也有现实阻隔。

前两次沙盘工作过程及重点细节

第一盘工作中，B 女士在沙盘长边旁站立片刻，随后开始选择沙具，第一个拿进沙盘的是一幢漂亮的别墅，接着在别墅前面放了一个抱着小孩的妈妈和一个抱着小孩的爸爸，在爸爸妈妈前面放了一个背着包的初中生模样的女孩和一只狗。随后在房子旁边放了树，为了摆放客厅用品向右边挪动父母，向前挪动女孩，为了摆放床，再次向前挪远女孩。在房子前面放了一辆小汽车。

B 女士在沙盘中心位置用右手指端扒开沙子，做了一个小水塘，在里面放了一朵莲花，用手扒沙划出向左下角方向延伸的沙痕。在水塘旁边放了一个小木桥在沙子上。接着开始摆放从房子到水塘之间的小石子路，女孩正好挡在路上，于是再次挪动女孩到小路尽头，水塘旁边。

在沙盘左上方摆放了医院和百货商场，摆放了医生和警察。在房子后面插了一支比例很大的花枝。摆放了一个写字楼大厦在医院和商场后面，放了四个行人，都背着包，两个男人，一个女人，一个小孩。接着放置了两个交通标志在行人前面，一个是红绿灯标志，一个是汽车禁行标志。之后 B 女士表示结束了。

B 女士坐下来，感受盘中场景，接着开始讲述：家很重要，所以先放了要住的房子，妈妈爸爸，家里客厅最重要，需要休息所以也放了床；莲花与小桥是人们休闲的地方，人们在桥上可以看水中的莲花；医院、百货大楼和写字楼是生活必需的地方，警察和医生是需要的人，没有人感觉比较空，就放上了几个人。

B 女士说对沙盘中的女孩最感兴趣，女孩就是自己。咨询师说："这个女孩背着包，那四个行人也背着包。"B 女士说："是的，就觉着他们得有一个包。"咨询师说你刚才将这个女孩不断地挪动位置，刚开始在父母跟前，几次挪动之后到了这个位置，你注意到了吗？B 女士听到非常惊讶。咨询师问联想到什么？B 女士说："就像孩子不断长大，离家越来越远的样子。"咨询师问女孩正在做什么？B 女士仔细观察后说："她在喊：'我出来了'。"

重点细节：B 女士开始并不直接触碰沙子，在沙盘前停留片刻后选择沙具。在放入家庭情景后，开始用右手指端扒沙做出水塘及沙痕，用左手将右手指头上的沙子拍落后，开始放置左上角物品，没有再接触沙子。沙盘中的物品，位置被移动的有两个，父母向右被移动一次，背包的女孩向前被大幅移动三次。

第二盘工作中，B 女士先摆放左上角较为阴森暗沉的区域，接着摆放右上角家庭生活场景，之后在左下角放置了垂钓老翁、凉亭、院门，在左右两个房子中间放置了一个踩水车的老翁，之后在右下角放了正方形草坪、白马男孩、一窝蛋，接着在垂钓老翁前面用双手挖了小河，小木桥正对院门架在河上，在沙盘中心位置放了四个动物：斑马、绵羊、黄狗和白兔，朝向院门。

B 女士先解说了自己对各个沙具的感觉，说最喜欢背靠着白马的少年和草原。中间的踩水车老人必须在那里，因为这样可以将左右两边分开，四个动物和两棵树也是将两边隔开。咨询师谈到四个动物都朝向了左下方，B 女士惊讶地问："它们是不是都喜欢那里？"

重点细节：B 女士用双手挖出小河，接触沙子自然且投入。提到沙具时多次表达内在矛盾状态，破屋阴森让自我害怕但又想放进盘里，不喜欢黑猫但需要它守护破屋，左右两边都需要存在但必须分割开来。

沙盘的疗愈力量

B 女士可能存在的自我情结、母亲情结、死亡情结，前两个沙盘中都在不同的区域中呈现了出来。在 B 女士做盘过程和自我解说中，可以看到区域化、隔离化也是 B 女士当下的需求。

第一盘

第二盘

再次将两个盘放在一起比较，第一盘看上去更为和谐，全部都是现实情境：家庭、街道与休闲场所，且整体位于沙盘上半部。第一盘中有一个比例很不协调的大花枝插在别墅后面，花枝给沙盘带了装饰感和夸大感。左上角 B 女士称为写字楼的黑色大厦，咨询师第一感觉像个墓碑，它是第一盘中唯一显得沉重的物品。第二盘明显分出左中右三个区域，左边黑色为基调，像是第一盘中的黑色大厦被放大，右边家庭面积收缩，中心位置是四个动物，第一盘这个位置放置的是有灵性寓意的莲花。从三个情结角度上观察，第一盘的明媚与和谐，更像是面具化的呈现，第二盘的阴暗与分裂，更像是阴影化的呈现。

第二盘 B 女士在工作热情上与之前有很大不同，第一盘 B 女士是尝试，第二盘 B 女士是主动选择，她说沙盘真是太神奇了，自己一周时间都在想，沙盘怎么会在这么短的时间里呈现出自己的成长呢？

是的，怎么会呢？我们可以从以下四个方面来了解一下沙盘的疗愈力量。

沙盘是一个象征体系。心灵有自主性，也有自身运行机制。但心灵不是可见的物质实体，我们难以直接观察到心灵及其运作。心灵需要通过象征来表达自己，相对于语言，意象对心灵的象征，层次更为丰富。意象可以涉及诸多不同感觉通道，可以涉及更为无意识的内容。个案中的 B 女士内在心灵，不论是面具层面还是阴影层面，沙盘作为一个意象象征体系，都可以对其做出更为真实的表达。

沙盘是一个整体呈现。沙盘创作过程是动态的，但作品呈现是静态的。当B女士坐下来观察自己的作品时，可以同时看到那些不断在头脑中流动的思绪，可以同时触及那些在谈话中只能逐个切入的话题。创作过程包含很多身体动作，储藏在躯体中的丰富信息也参与了表达。个案中的B女士在第一盘虽然只用指端扒沙，但皮肤触觉刺激往往缓慢、细致、持久，正是没有行为能力的婴儿可以被动接受的最常见的也最重要的刺激。

沙盘是一个投射载体。以往人际关系模式投射在当下，就会发生在B女士和咨询师之间。沙盘提供了一个投射载体，让彼此拥有了共同的、可以缓冲人际碰撞的空间。B女士对沙盘中的信息，更倾向于认为都是她自己的，这可以缓冲以往人际关系模式对她的影响，也可以增加她的自主性体验。

沙具拥有对立内涵。沙具有文化、历史、集体赋予的极为丰富的象征意义，也有B女士自己赋予的个性化含义，但每个沙具都蕴藏着基本的对立内涵。B女士第一盘中夸张的花枝，可以象征粉饰的状态，也可以象征支持的力量；中心位置的莲花，可以象征面具意义上的整合，也可以象征深层的自我成长的力量。

B女士被第一盘深深触动正是沙盘疗愈力量所在。就沙盘疗愈因素还可以做以下补充：莲花、初中女孩的前行、行进中的动物、白马少年、四个正孵化的蛋、桥、老人、医院、医生、警察、父母怀抱……都充满疗愈气息。

沙盘游戏的分裂主题阶段

沙盘工作一共十七次，除了前两个沙盘，还有十五个沙盘，现将其分为两个主题阶段来呈现，分别称为分裂主题阶段和聚合主题阶段。分裂主题包括九次工作，聚合主题包括六次工作。为了完整呈现工作过程，十五个沙盘均进行说明，但只选择四次工作进行分析。

B女士视角（第三盘）

第三盘细节图 1

第三盘细节图 2

第三盘 B 女士在左上角放置了一个游乐场场景，在沙盘下方用手指拨沙子做出一条河。将大桥架在河上，延桥向上放置了树丛、凉亭。在沙盘右侧放置了三棵椰子树，树上方放置了长颈鹿和捂眼猴子。在沙盘右上角放置了一个耶稣马槽诞生情景，情景前放了一个跳舞姑娘和白马王子。在河左侧放入大船，右侧放了莲花。放了巫师梅林在游乐场景的左侧，放了济公在马槽场景的右侧。

B 女士说椰子树这部分非常奇怪，长颈鹿从上面能看见很美的外边，那只猴子捂着眼睛想看又不敢看，其实外边挺美。这正是 B 女士内在状态的表达：想深入探索却连看见都充满恐惧。婴孩耶稣全然圣洁却卧在污秽马槽，这也是很强烈的对比。B 女士并不知道这个故事，只是看到一家人屋子虽破却很幸福。

B 女士视角（第四盘）

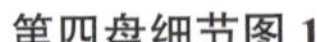

第四盘细节图 1

第四盘细节图 2

第四盘B女士在左上角放置了农家小楼、一座山，两棵小树（像是枯树），拿了小路、鸟、狗放在了两棵小树前，在鸟与狗之间放了壁虎（或者是蜥蜴）。在房子右边放了棵大树，树上放了大鸟（或者是老鹰），树前方放置了水车、红色木船、海星、猫头鹰、渔夫、小水手。在中间放了奶牛。来访者在鸟、狗和壁虎前面，拨开沙子形成一个小水泊，在其中放了一艘小的大帆船。

B女士说自己不喜欢那只爬行动物，不知为何把它拿进盘里，马上又说："我觉得自己在水里的船上，我怎么会有胆量面对它？我怎么上岸呢？我觉得海星很棒，可以待在水里也可以待在沙子上。"与上盘相比，来访者离开稳定的陆地，来到随波起伏的船上，岸边爬行动物虎视眈眈。本来动物不大，但大帆船比例太小，无形之中放大了动物的威胁性。整个盘依旧由奶牛和大树间隔开左右区域。

B女士视角（第五盘）

第五盘细节图1

第五盘细节图2

第五盘B女士在左上角放了小别墅，左边放了翩翩起舞的女孩，楼前左右各放一个狮子，房子右边放了小塔。右下方围放了树丛，里面放了狮子和猩猩，左下角放了桌子、椅子、食物，上边椅子上放了女孩，左右椅子放了卡通动物，将一个男人放在下面椅子上。

B女士说，自己做盘时没有任何构思，想拿什么就拿了，想拿食物就先去拿了桌椅，想拿狮子猩猩就先拿了树丛，感觉狮子和猩猩就是在一起的。拿男子时有些不太满意，但是需要一个男的就拿过来了。盘依旧分成三个区域，但每个区域自成一体，不需要间隔，彼此之间留有空间，区域里的东西被小心守护。

B女士视角（第六盘）

第六盘细节图1

第六盘细节图2

第六盘B女士在上部正中放了别墅，别墅左右放了圣父圣母，别墅前放了草地，草地两边放了农夫农妇，上面放了四个鲜艳的水果。在左中部放了骑士，骑士前面放了士兵，后面放了金字塔。右上部放了城堡，城堡前放了火红的树，树前放了新婚夫妇，夫妇前放了莲花。最后在前部中央放了一对男女小童。

B女士说，看见成对东西就想拿。骑士太猛了，拿士兵挡一下，但根本挡不住。沙盘中间区域比重加大，沙具成双成对，右侧有新婚夫妻。阴阳力量充分区分，只有先区分才会有整合。B女士关注点在左侧：骑着高头大马的骑士势如破竹，试图阻挡的士兵素手而立难以阻挡。可以看到B女士内在平衡体系里，某种更为有力的元素在表达着自己。

B 女士视角（第七盘）

第七盘细节图 1　　第七盘细节图 2

第七盘 B 女士在左上方放了农居，农居右边放了牛头神，门前放了小狗，远处放了院门，小狗前面放了小路，路边放了两棵树。在盘上部中央放别墅，别墅右边放了孔子，孔子右边放了斜塔。孔子前面放了狩猎女神和抱羊农夫，前面远处放了一排树，紧靠树上方放了南瓜、背孩僵尸、跪着的骆驼。在他们后面放了一束花，在两个区域之间放了一个硕大的玉米。

B 女士说，父子僵尸中感觉爸爸很傻，儿子很聪明但坏坏的，还不想被发现。爸爸样子像二叔，二叔笨笨的被家人看不起。我也有些像二叔，别人看我也是笨笨的，笨样子是让别人不要针对我，其实我什么都知道。牛头人赤裸身体让人害怕，但手和姿势都让人感觉无害，衣服估计是被别人脱下的，自己去赤裸太难了。B 女士关注背孩僵尸和牛头神，并与自身对照进行深入解读。

B 女士视角（第八盘）

第八盘细节图 1

第八盘细节图 2

第八盘 B 女士在左上方放了一个城堡，城堡左边雄鹰右边法老像。接着放了大草屋、高塔。城堡前放了小白人手牵小黑马，小白人面前放了一座山。草屋前面放了捂嘴猴子和乌龟，猴子前面放了骑士，骑士前放了图腾柱。城堡和小白人之间放了桥。在图腾柱左右边放了凉亭和铁塔，在山左边放入高高的井台。

B 女士说最感兴趣的是小白人，他有超能力，他要历尽千辛万苦移开山出去。山就是我对死亡的恐惧，对于快点解决它，我既希望又不希望，感觉需要经历很大困难。我是缩成一团的猴子，希望像骑士一样有向外的力量。盘中两个区域内容一致，不再有第三方作为阻隔。来访者对猴子和小白人进行了丰富的解读，其内省能力已经有了很好的发展。沙具很有力量：黑人牵白马，白人骑黑马，高塔与井台遥相呼应。

B 女士视角（第九盘）

双臂人

那个人（持蛇女神）

仙童

佛与巨婴（黑天）

B 女士选了需要拾级而上的高城堡放在左上角，拿了判官在城堡右边，放了双臂人在城堡前边，双臂人左右各放了一个铃铛，双臂人前面放了八卦牌，八卦牌前放了躺倒的破败木桶，木桶和八卦牌之间放了持蛇女神，女神左边放了狮身人面像。来访者拿了小楼放在判官右边，拿了印度神黑天放在小楼右边，在楼前放了手持金元宝的弥勒佛，拿了两个弹奏乐器的圣诞老人放在弥勒佛左右，拿了两个卡通人物在两个圣诞老人前面，在他们之间放了弹奏竖琴的仙童，在仙童前边放了紫色的树，左右各放了绿色小树。来访者将狮身人面像挪到了持蛇女神的右边，拿了两颗很大很茂盛的树放在了整个盘的右侧。

在这里对第九盘作详细解读，前八盘可以看到B女士对内在心灵的探索逐步深入，内省能力提高，恐惧与冒险感受减少，有力量但还难以承担艰巨任务。第九盘完成后，盘中呈现强大行动能量，B女士对沙盘做了深入体验，让这份能量变得真实。

B女士说："一开始觉得双臂人很害怕，不过他的两只手被旁边的东西限制了，他是不能动的。用他的角度去感受，我又觉得他自己也很害怕，因为旁边的东西都是来压制他的……我想象他的力量很大，他下面两只手是自己的，上面两只手是加上来的，他用下面两只手就可以很轻易地将两个铃铛拿起来扔掉，他会试着往外冲，他是可以冲过八卦牌和那个人打，越过那个桶，进入右边来破坏，可以毁掉树，毁掉卡通人物，再和仙童打，仙童有力量但还是打不过他。他最后就打到了佛前面，估计他打不过佛吧，佛会很有力量，应该打不过吧……这个人用脚踢佛的头，估计能踢倒，但佛也很厉害，估计也踢不倒，后面还有两个，那个巨婴很厉害，一般不用惊动他的，他是一定能打过双臂人的。另一个是喝了很多酒的财神，你看他手里拿的都是金色的东西，有点像关公，也很有力量。双臂人和佛打起来，这两个人一定可以打过他的，这里可以重新建设起来。"

从色彩上来看，整个沙盘依旧可以分为三个区域，左侧黑色神秘力量的区域、中间浅色仙乐袅袅的区域、右侧绿色大树构成的区域。财神与狮面人身像在左侧与中间之间，不再像是隔离，更像是融合与链接着它们。中间与右侧区域独立且没有阻隔。色彩和情绪密切联系，双臂人的力量更像是情绪的力量。

B女士认为双臂人的行动力是毁灭的力量，可以打破黑色神秘力量束缚，也会毁灭一片祥和的弥勒世界和绿色大树，一场较量之后，用独立力量一定能打败双臂人的是那个巨婴。B女士并不知道那是印度教中的黑天，是至尊人格首神，可以吸收一切力量。

B女士自主性逐渐加强，深入探索自己的愿望也很强烈，但对内在力量激发可能出现的两面性有所畏惧。这次沙盘工作中，双臂人危险行动在想象中被允许，也是B女士内在力量逐渐强大的表现。工作结束时，B女士说自己经常回想第一盘，感觉那个盘很压抑。实际上第一盘色彩明媚，场景生活化，B女士之所以感觉压抑，正是因为第一盘的表达更为面具化，与真实的内在感受之间有隔离。

从另一个角度看，第一盘是一个可以有故事情节的盘，它在描述女孩的日常生活，盘里有她的家、她的休闲去处及她可以去逛的商场。在后续沙盘，尤其是被划归到分裂主题阶段的九个盘，每一个盘都被分区，都被阻隔，都没有故事，都没有主人公。这些沙盘贯穿着压抑气氛也贯穿着艰难旅程，只是因为它们是真实心灵的表达，是那些曾经被压抑部分的表达，所以B女士反而在其中有了轻松感。这次工作B女士在深入体验中，让双臂人突破分区、突破阻隔，用暴力的方式形成了一个故事情节。

至此，前两个沙盘中呈现的三个情结中，死亡情结的表达最为丰富，表现出以下特点：不断重复的区域分割、逐渐增加的暗黑色调、神话宗教人物的使用。自我情结也有所表达，虽然沙盘没有围绕主人公展开的故事，但每次沙盘中都有B女士确认的代表自己的沙具，这些沙具的状态变得越来越有能量，正是在这些能量支持下一层层黑暗得以展开。母亲情结的表达比较少，几乎每次都会出现的房屋，可以象征自我也可以象征母亲，这次盘里的持蛇女神就是一位大母神。不过与沙盘工作相伴随的谈话内容，从来没有离开过B女士在现实中与母亲的各种互动。

B女士视角（第十盘）

第十盘细节图1

第十盘细节图2

第十盘呈现出两个女孩分别在两个场域中。城堡前的女孩前行阻挡较少。图书馆前面的女孩前行方向上有石头和金字塔，女孩身后还有一个妖怪。B 女士说，城堡前的女孩不知所措，看不见前方，不知道自己能做什么。图书馆前的女孩能看清楚前面，但不敢过去。前面可以出去，但她不会出去。身后的鬼怪让小女孩很害怕，不敢回头去看，但感觉它们像两只土拨鼠在恶作剧。

沙盘依旧左右分割，但两边都是现实人物，承担的任务也相似，两侧分界线是低矮中空篱笆和具有沟通功能的邮筒。第一盘中的院门在这次成为右侧女孩的前行方向。妖怪造型与父子僵尸造型非常相似，允许妖怪距离女孩很近，就像 B 女士的目前状态：对于目标一边真实地害怕，一边真实地靠近。

B 女士视角（第十一盘）

第十一盘细节图 1

第十一盘细节图 2

第十一盘 B 女士右上部放了房子，前面放了小路，左边放了雅典娜，雅典娜前面放了戴礼帽男人，左边放了伊西丝大母神，伊西丝前放了小猴子，小猴子两侧放了神父与修女，前面放了桥，桥两边放了两个骷髅鬼，希腊神话人物。小路两边放了两个武士，前面放了女孩，女孩前放了长排木桩。

B 女士最关注那个男人，感觉他在苦笑，穿着显得很有力量但不敢看周围，前方树丛背后有多远他不知道。认为女孩很好，努力的话可以跨过树丛。左侧小猴子刚出生不久无忧无虑。沙盘左右路桥对称让前行变得阶段性平坦，明暗色调对称感觉阴阳交错，男人站在了中央，女孩也有了跨越树丛的能力。B 女士分享在现实人际关系中自己对他人的附和减少了很多。

沙盘游戏的聚合主题阶段

虽然沙盘只进行了十一次，但在此期间 B 女士听到两起死亡事件，都没有出现恐惧反应。当时家人聊起来，大家都相识的两个人，一个坠楼一个病逝，当时 B 女士以为自己会非常恐惧，但恐惧并没有出现，死亡恐惧在持续好转中。

一个新主题的开始往往是不寻常的，接下来的工作中 B 女士遭遇了很大的挑战。这次工作 B 女士提到本周热点新闻，一位赴日留学生被好友男友杀害，媒体对死者母亲做了系列访谈，B 女士下午都在看系列视频，印象最深的是对伤害细节的描述，之后不断回想，非常恐惧。晚上 B 女士对所住上下铺床帘之间形成的缝隙非常关注，想象着后面有坏人，一直不敢入睡，同时也不敢一个人去厕所。B 女士在讲述这些时恐惧感强烈，并且感觉沮丧，因为已经减轻的死亡恐惧再次袭来，同时她还责怪自己，本可以不去看这些新闻，但还是忍不住去看了。

工作中 B 女士尝试着回想入睡前看床帘缝隙时的恐惧体验，慢慢地感受它，之后慢慢用手聚拢沙子，逐渐形成一个小沙包，手不断地在沙包上轻放轻拍……过了大约六七分钟时间，B 女士把手收回来说："我刚才在想着的时候，身体觉得很热，感觉两个鬓角部位往下流汗。"

B 女士视角（第十二盘）

B 女士求助之初情绪隔离非常明显，言语信息与情绪体验差异很大。现在虽然恐惧强烈，但知情意与身体反应一致，其内在力量有所增加。B 女士求助之初的外在刺激事件与本次外在刺激非常相似，都是年轻人非正常死亡及其细节描述。B 女士对新闻事件本来可以不去过多关注，但还是忍不住去看。这里既有其死亡情结易被相关事件吸引并激活，也有其自我情结易被相关事件吸引并借此检测内在稳定性。

如果进行言语交谈，会让 B 女士强烈情绪激发出来的能量直接转向意识层面，甚至再次隔离；如果进一步深入体验情绪，B 女士难以评估自己的承受能力，因为事件确系真实恶性事件，而不是想象中的。因此，沙盘是当时最好的选择，B 女士不仅已经做过多次沙盘，而且对沙盘治疗形式非常认同，她确实选择了用沙盘来承载自己的感受。B 女士在这次工作过程中，第一次闭起眼睛，第一次感受到强烈的身体反应，沙盘中第一次呈现出聚拢及趋中画面（那个沙包也像一张没有五官的女性脸庞）。

回顾所有沙盘图片，本次工作之后的沙盘与之前的沙盘有了很多明显的不同：开始使用水、开始呈现梦境、开始呈现现实，有趋中、聚拢、深入画面出现，有空洞、掩埋画面出现，有观察性自我出现等。新阶段以本次工作为开端，并被命名为聚合主题。

B 女士视角（第十三盘）

男孩与旁观女孩

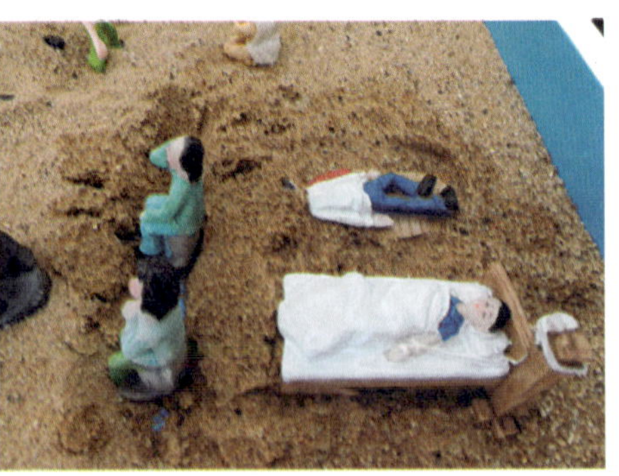

父母与病人（梦境）

背上有蜘蛛的蜷缩女孩（梦境）

难受的自己

上次工作后B女士选择连续做沙盘。第十三盘，B女士先选了抱着头的蜷缩着身体蹲着的女孩，放在沙盘上边正中间位置。拿了捂着嘴巴的下蹲的猴子放在远处左上角，猴子前放了很有活力的男孩，男孩身后放了一条蛇；来访者用沙子将蛇的身体掩埋起来，只露出蛇的头部；拿了背包的小姑娘放在男孩左侧，拿了超人放在了男孩身后。B女士拿起盛水的盒子，用手撩水洒在猴子头上。

B女士将蜷缩女孩移到沙盘中心位置，放蜘蛛趴在女孩背上；在上中部放了头流血躺地上的人和病床上输液的人；用手撩水弄湿两人前面的沙子，用手将湿沙拨开，做出小小沟壑，将一对坐着的年长男女放入沟壑；在女孩和男女之间放了丑陋的大僵尸；蜷缩女孩左前侧放了站着的捂嘴女孩。

B女士拿了坐着的手捂耳朵的男人，用手撩水将他周围的沙子弄湿，将湿沙捏成一个个圆形小沙包围在男人周围，在捏的时候来访者开始倒水在沙上，以便更好地取湿沙捏出沙包，开始捏了四个，后来不断插入形成八个小沙包；又将男人后方沙子弄湿，取过来放在男人头上，因为不是很容易固定，不断取沙子来，不断地放，直到沙子覆盖到男人头部。B女士将剩下的水依次浇在猴子、病人和蜷缩女孩身上。

B女士看着做好的盘，看了很长时间之后说："我把这几天的事情和梦摆了出来。左边是前几天的一件事，我上午九点左右去复印店印东西，复印的姑娘让下午五六点再来拿，我表示想在这里等着，她很不耐烦地说不行，之后我说什么她都很不耐烦，于是我问她为什么不耐烦？小姑娘比较紧张也比较惊讶。我心里有些抱歉，以前比这严重的情况我都能忍耐着不回击。猴子是那姑娘，男孩是我，我觉得自己很不好，就像男孩背后那条蛇一样很坏，但又很有力量，所以我在男孩身后放了超人。背包姑娘也是我，她看着这一切，比较困惑。"

B女士接着说："中间是我的两个梦，一个是前几天做的，梦里一直有人做手术，先是爷爷从很高的桥上摔下来送到医院抢救，以为救不活了，但最终救活了，接着是妈妈单位的人在医院做手术，然后是爸爸在医院做手术，接着是妈妈收拾东西也准备住院做手术。梦醒以后我打电话给妈妈，她说生老病死很正常，我觉得这句话是不好的预示。”B女士一边说一边哭泣。平复后说：“我把爸爸妈妈放在了病人前面，只有爸爸妈妈是可以依靠的。”

B女士说：“另一个梦是昨天做的，蹲着的女孩是我，梦里我被那个女孩（新闻中被杀女孩）的妈妈从后面不停地推呀推，我觉得很害怕。我找不到合适的人，就放了一个我很害怕的动物（蜘蛛）来代表她，但还是觉得不够，又放了一个它（僵尸）。我觉得那个妈妈虽然可怜，可是她囚禁了我，我对她很生气。”

B女士说：“右边摆的是我的感觉，很烦，很难受。猴子就像迎头被别人浇了水一样。这样摆出来，事情和梦比较直观，我今天拿了从来不敢去拿的恐怖东西；情绪很真实，给妈妈打电话的感受一下子涌出，就直接哭了……我总是容易将不好的事情和父母联系在一起。”

B女士第一次使用水、第一次直接呈现感受（右侧男人）、第一次用男性代表自己（两个男性）、第一次半掩埋（蛇、右侧男人、父母）、第一次工作梦境、第一次自己作为旁观者（两个女孩）、第一次出现多个自己（两男三女都是自己）、第一次在做盘时哭泣。

这一切的发生，既惊心动魄又自然而然。是什么促使了这一切的发生？是身体体验。身体储藏了巨大的无意识信息，这些信息的运行也在无意识层面。身体承载着我们的心理与灵魂，是最具有抱持性的容器。这次沙盘的内容包含了梦境、现实事件、内在感受，B女士选择了有丰富躯体信息的沙具，选择了丰富的躯体动作（捏沙、撩水、挖坑等）来表达。她自发地将情绪、意象和身体三种体验结合在一起，三种体验的结合激活了个体内在的自然治愈力量。这三种形式都接近无意识或者说都属于无意识，高度发达的意识只有走向它们，个体才能走向完整。

B女士视角（第十四盘）

妈妈和僵尸

蜷缩女孩

第十四盘B女士在右上角放了举手打孩子的妈妈，前面放了小女孩，小女孩右面放了坐着读书的小女孩，读书小女孩后面放了僵尸，随后挪动僵尸靠近妈妈，两个女孩前面放了抱头蜷缩身体蹲着的女孩。

B女士说："我特别愤怒，觉得我妈常骂我却从未真正关注过我的学习。摆沙盘就想看看我妈到底什么样？三个女孩都是我，是小时候、读书及现在的我。"B女士将自己不同成长阶段呈现出来，可以看到内在小孩被困受阻。用"蜷缩女孩"呈现目前状态，形象地表达了真实感受。将母亲与僵尸放在一起，直观呈现了消极母亲意象。B女士面部表情全然呈现她的当下感受，不像以往时不时分神用表情来配合咨询师。其面对矛盾感受和融合矛盾感受的力量都有所加强。

B女士视角（第十五盘）

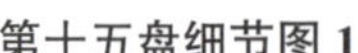

第十五盘细节图 1　　第十五盘细节图 2

第十五盘 B 女士在左上角放了房子，前方放了两个妈妈，之间放了爸爸，女孩在远处看着。放了捂耳朵坐石头的男人在盘中，将男人周围沙子铲起堆在下面石头上直到全部覆盖。将水围着男人倒在周围沙子上，将湿沙与干沙分离，形成一个小岛。拿了在病床上的人放在小岛左后方。

B 女士说我坐在石头上已经很高，我变高沙子也跟着会变高。我不知道怎么下来怎么出去，我要站起来，下面却还有石头连着身体。我听不见也看不见，是一个什么也没有的点。这是我的地盘，以前晚上属于我，现在白天它也存在。

B 女士可以旁观自己的家庭结构和自己的困境。动作信息丰富，铲沙过程以及男人在沙石中的挣扎，像“内在独立”的孕育一般艰难，不可视不可闻的虚无感接近死亡，地盘的确立感接近诞生，男人的痛苦又像母亲临产前的阵痛。

B 女士视角（第十六盘）

襁褓婴儿

幼童与斜后方观音

第十六盘中，B 女士说受伤的是我爸爸，我对此不是很害怕。前面是一对很亲的父女。四个女孩都是我，小时的我调皮且多有顶撞（前排左侧幼童），她消失不见后，还会回来吗？

沙盘中心位置是被直系血亲包围的躺在红色木板上的襁褓婴儿，可以看到极其隆重的仪式化新生伴随着鲜红的血色。不同年龄 B 女士及相伴随的争吵中的父母，可以看到成长中自然率真的丧失需要哀悼。生病父亲与嬉戏父女，可以看到祝福与攻击同在。后方的僵尸与观音，可以看到灾难不幸与幸运庇佑同在。左下角的捂眼猴和摄像师，可以看到回避与观察同在。沙盘中有矛盾也有整合，新生命的诞生恰似 B 女士越来越清晰的自我确认感。

B 女士视角（第十七盘）

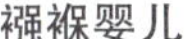

襁褓婴儿

三个婴儿

四个超人

咨询师方向

第十七盘做详细解读。这是最后一个沙盘。B女士在左上部放了门口有圣诞老人的房子，在右上部放了卡通房子。房前空地上放了三个坐着的婴儿。卡通房子前放了米老鼠女孩、加菲猫和绿巨人。婴儿左侧放了葡萄，葡萄前面放了船，船右侧放了飞机。沙盘后方一排放了四个超人。将三个婴儿往前边挪了一些，拿了小小的襁褓婴儿放在盘中央，小婴儿后方放了老寿星。在船的位置挖开一个水域，将木船放进去。三个婴儿前放了三小猴。拿了很多椰子树在右下角围了一个半圆，中间挖开一个水域，放入粉色沙发。拿杯里的水轻轻浇在每棵椰子树上，又轻轻浇在葡萄上。

B女士说："这是我最喜欢的一个盘。卡通小人都是我，米老鼠是我和朋友们在一起的样子，加菲猫是我有些固执的时候，那个绿巨人是我呆呆的样子。三个婴儿我不知为何拿他们。三个猴子最纠结，他们不想看但还在看。小婴儿是安全的，她被很好地保护起来。我在给树浇水时，觉得它们都是我的，只要浇水它们就能很好地长大，这个地方（右下角）很凉快，像妈妈带我去过的度假地方，可以放松地坐在沙发上，也是小婴儿长大可以休息的地方，房子也是她能住的地方。老人可以保佑她长寿，四个超人也可以保护这些房子和婴儿，但他们和老人都不是这里的，临时来这里，我不知道他们会不会走。""选沙具时我对以前曾拿过的东西都能感觉到。之前一直知道有力量在，但我看不见，今天我看见了，就是这四个超人，我可以把他们摆出来了。如果我问他们会不会离开，他们会回答说不一定，我知道一切还是要靠我自己。"

沙盘中呈现了多处三位一体的整合；老寿星的保佑代替了以往死亡与疾病的威胁，四个超人代替了无力与恐惧；新生婴儿未来有日常居住和休养生息的地方；沙发区域的划分既有边界感又很开放；葡萄多籽且可酿酒、木船与飞机、水域与灌溉也充满滋养与成长的意味。

这是最后一次沙盘，但不是最后一次工作，之后还进行了三次谈话。虽然沙盘一片祥和，但这并不是一个适合结束的沙盘。盘中超人强大却难以细腻，并且临时待在这里。婴儿过于稚嫩，需要精心呵护，所幸其身下的大地可以承载一切。婴儿即将开始自己的成长之旅，飞机正是B女士回家的往返工具。B女士面临大学毕业，咨询工作暂时结束，最后一个沙盘更像是B女士美好的愿望以及开始新生活的种子与起点。

沙盘游戏的效果与评估

B女士求助时感受到的主要困扰是耳鸣和死亡话题焦虑，一个是躯体感受，另一个是情绪感受。咨询谈话开始三次后耳鸣现象就出现改善，改善中虽然不断出现反复，但每次反复之间时间间隔越来越长，在第11次沙盘时耳鸣几乎不再出现，之后B女士也不再关注耳鸣问题。在咨询结束半年后做了一次回访，耳鸣问题在此期间没有再次出现。

有关死亡话题引发的焦虑，B女士改善比较缓慢。在第5次沙盘时首次出现改善，B女士回家，听到家里人聊起所认识的人发生的两起死亡事件，一件坠楼一件病逝，以为自己会非常恐惧，但恐惧并没有出现。在第12次沙盘前，死亡恐惧出现大的反复，刺激事件为网上关于“留学女生被好友男友杀害”的系列报道，恐惧情绪在沙盘工作中很快得到表达。也许因为外在环境没有再出现强烈刺激事件，也许因为B女士不再过度关注类似事件的报道，之后相似情绪体验没有再出现过。关于过度担忧自己和父母可能会出现的健康与安全问题，以及担忧所引发的焦虑，在整个咨询过程中呈现缓慢而持续、甚至不易察觉的改变，大约在第16次沙盘之后B女士察觉自己的担忧很少出现了。在咨询结束半年后的回访中，B女士提到爷爷住院做手术时，自己有轻微的恐惧与焦虑，但情绪很快就可以平复。

现实生活发生的变化在点点滴滴中累积，举三个小例子来说明。一个是B女士参加公务员考试，备考时住在亲戚家一个月，初中住校生活的创伤被激活，这一次B女士可以向父母充分表达自己的感受，也能感觉到父母对自己真切的关爱。另一个是在同伴关系中，开始尝试表达真实情绪，以前内心从未用“朋友”这个词描述过关系，只称为“好的玩伴”。还有一个是毕业后在高中所在地工作，与父母不在一起但距离也不远，观察自己和妈妈的交流，感觉不需要每天通话，也不是凡事诉说，情绪波动大的时候第一个想到的还是妈妈，妈妈责备自己时，自己会很难过，但没有直接出现身体不适以换取妈妈的关心。

内在深层的变化虽然不好评估，但B女士观察性自我出现之后，经常可以旁观自己与他人、自己与自己的交流以及处理事情时自己的内在感受。有清晰的自我确立感，可以认为其以自我意识为核心的人格基础得到了加固。对B女士所做的工作基本在“安其不安”层面，对于人格的发展而言，达到“安之若素”还有着漫长的距离。但是自我开始意识到内在力量，开始对人格力量有体验，那么趋向自我成长的方向就已经确立，这是很令人鼓舞的事情。

B女士的困扰背后，有着自我情结，母亲情结、死亡情结的存在，在初始沙盘中三个情结都有呈现，在沙盘工作过程中，三个情结都发生着消解释放与能量重组。

谈话中最早被看到的是死亡情结，因为困扰之一就是死亡话题焦虑。慢慢了解到来访者生活细节，比如母亲的打骂、每天与母亲的通话等，母亲情结可以被观察到。来访者的情绪隔离、迎合性人际模式、逐渐清晰起来的“自己是被拼凑的”感受，也让自我情结逐渐清晰起来。

个体在出生前和死亡后意识都是虚无，诞生后躯体独立于母体，但心理“自我”的诞生与独立本来就缓慢且不易，还需要面对必然会到来的躯体死亡，这一切都需要母亲（或养育者）的帮助。积极母亲意象和消极母亲意象带给个体生和死的感受，而母亲的及时呼应与包容力量才能帮我们将生死感受整合在当下。

因此沙盘工作中，自我情结是核心情结，它既是母亲情结的基础，也是死亡情结的基础。回顾所有沙盘工作，分裂主题阶段主要是死亡情结所带来的能量呈现，诸多黑色、充满压抑；聚合主题阶段主要是母亲情结中积极与消极意象的呈现与整合；直面这两种情结的力量来自B女士的“自我”，虽然沙盘中自我总是一些弱小人物，但整个沙盘都是B女士的心理空间，是她的自我护持着的空间，在这里死亡情结与母亲情结释放了一些被它们凝固起来的能量，自我在吸收与整合这些能量之后，终于以一个襁褓婴儿的意象再次诞生。

回顾第一沙盘，那个背着包的女孩，一路从家门口走来，直到沙盘中央的莲花旁边，大声喊：“我出来了”。这个情景让人不由自主地去感叹沙盘的神奇，感叹自我成长力量的神奇。

沙具中“包”的意象与象征

沙盘游戏中，沙具在集体无意识中，或者说在文化中的象征意义，也非常值得关注。连续的沙盘游戏工作，沙具也有自己的发展主线，这种发展既遵循个体的无意识内涵，也遵循集体无意识内涵。B女士第一盘中，有个不断被移动位置的女孩，女孩身上背着一个包，B女士只表示女孩需要有个包，再没有其他表述。“包”在后续盘中是怎样发展的呢？回顾所有沙盘，可以帮助我们理解“包”这条主线。

以下是四个盘中“包”的不同意象的细节图。从第一盘之后，盘中慢慢呈现出的恐惧、阻隔与矛盾，似乎就是女孩包里的内容。第十二盘中只有一个沙包，有些荒凉，像坟墓也像子宫更像脓包，之后连续四盘B女士都在表达强烈情绪，好似沙包里的内容在喷发。第十五盘小姑娘已经把包从肩上卸下拿在手里，她已经成为一个观察者。第十六盘初生的婴儿被包在襁褓之中，新生命终于从混沌中诞生。

第一盘

第十二盘

第十五盘

第十六盘

上文呈现了B女士系列沙盘中“包”的意象及其演变，下文中可以看到关于“包”的字义、民俗、神话与宗教的象征性内容，这些内容和B女士沙盘中的包的含义不谋而合，在疗愈的过程中B女士的无意识自发地呈现了这一切。

一个意象，当它具有比其所指示的或表示的更多的含义时，就是象征。它有着一种更广阔的“无意识的”层面，即永远不能被准确定义或充分解释的层面。象征不是被发明出来的，而是向我们显现出来，它们不能立即被理解，而需要以联想的方法加以仔细分析。

“包”作为一个意象，在生活中呈现出多种内涵，它还有哪些象征意义呢？或者说在集体无意识层面，关于“包”我们还能觉察到些什么呢？下面是从字义、民俗、神话、宗教、个案等角度，对“包”象征意义的分析。

一、汉字中“包”的意象

（一）《汉语大字典》（第二版）释义

包：（1）胞衣，后作“胞”。（2）裹，裹扎。（3）容；含。（4）取；据有。（5）承担任务，负责完成。（6）担保。（7）包扎好的物件。（8）约定专用。（9）量词。（10）囊，装东西的袋子。（11）像包裹的东西。（12）用作“疱”。（13）用作“苞”。（14）姓。（15）用作“庖”。另有学者补充两义：身体上肿起的疙瘩。某类不受欢迎的人。

以上是“包”字在现代人日常使用中的多种引申义，那么它的本义是什么呢？

（二）《说文解字》《说文解字注》释义

《说文解字》中，许慎释“包”为：“包，象人裹妊，外边“勹”中间“巳”，象子未成形也。”

《说文解字注》中有释：“包：妊，孕也。孕者，裹子也。引申为外裹之称，亦做苞。今包字行，而勹废矣。包作勹，浅人改矣。包、苞皆假借字。”

二、民俗中“包”的意象

（一）私密的象征

现代女性大多随身携带背包，装入化妆盒和纸巾、梳子、唇膏、香水等物品。男性也会携带背包或公务包，装入需要随身携带的必需品。古人会用香包或荷包随身携带铜钱、票据、印章、手帕、针线等散碎物品。

（二）美好的象征

无论现代女性随身携带的包，还是古代女性所绣的荷包，都有很浓的装饰和展现美好的意味。其外形有圆形、椭圆形、方形、长方形、桃形以及如意形等，图案则有繁有简。

（三）爱情的象征

香囊与荷包还是中国古代许多青年男女的定情信物，女子常将自己亲手绣制的香囊和荷包赠与男方，以表达自己的爱慕与牵挂。几乎每一个古代女子都是刺绣高手，她们从十多岁就开始练习绣花，成年时姑娘们便开始以针线编织着自己的未来。

（四）身份的象征

中国古代的皇帝常以绣着“岁岁平安”的荷包赐予王公大臣，拥有者深感荣耀。虽说皇帝赏赐荷包的历史很长，但兴盛却在清代，清宫中设有专门制作荷包的机构，荷包的使用达到了空前的地步，宫女们每年都要缝制刺绣大量的荷包，以备皇帝后妃们行赏之用。

（五）祝福的象征

除了皇帝对于大臣的赏赐，家族长辈也会送给小辈放上压岁钱的荷包，以示祝福与吉祥之意。怒族以挎包作为吉祥物相赠，象征幸福吉祥，布依族以糠包为吉祥物，象征纯情和崇敬。

（六）辟邪的象征

早在2000多年前，我国民间就有佩戴香囊，以辟除秽恶，确保自身健康的民俗，到明清成为流行的端午节饰物，具有祈福辟邪的象征意义。

古时有关于红包的传说：有个身黑手白的小妖叫“祟”，每到年三十夜里就出来，很多孩子都被吓得发烧得病。大人们就将铜钱装在红包里，放在孩子枕头，以此驱赶“祟”。现在许多戏院或剧组演出时，剧中演员有被杀、暴毙、或披麻戴孝的戏份，剧组就要给扮演者送红包，让他们煮碗太平面吃，既作补偿奖励，又作除秽消灾。

（七）孕育的象征

江西吉安中元节时，妇女若抢吃到寺庙众僧所抛掷的包子，就象征可来年得子。

（八）负担的象征

古人出远门用“包袱”来携带随身物品，就像现在使用行李箱一样，包袱因此成为长途旅行中不可或缺的物品。因此在现代用语中，“包袱”常指不愿承担的任务与责任或给自己带来压力的事情。

三、神话及宗教中“包”的意象

原型是一种人类心灵遗传而来的、以构成神话主题之表象的倾向，这些表象尽管变化多端却不丧失其基本模式。因此，通过神话及宗教故事中“包”的意象，我们可以进一步接近其深层象征意义。

（一）孕育的原型意象

中国古代神话中的“袋神”帝江住在天山，他无面无目，但却六足四翼，他又歌又舞，与想象中最初的混沌大地相似。由于这个原因，中国人常将袋子又称混沌。今天全国各地都有一种食物——将肉包在小小面皮里再下水煮熟，也称“馄饨”。民间艺术中，布袋和尚是一个常见的造型，人们认为他是弥勒佛的化身，虽然他的布袋很大，但一个孩子就可以拎起。

很多神话都会描述创世之初万物未分的混沌状态，而介于混沌系统与稳定系统之间的“混沌边缘”是一个创造性空间，也是涌现出新事物的空间，万物诞生于此，混沌也由此走向有序。汉语中常使用“包罗万象”来表述混沌状态“大而全”的特点。

（二）死亡的原型意象

在藏族佛教中吉祥天母的五种神器中，第一件神器就是一个疾病种子袋。疾病种子袋由一个人的胃、一张刚刚剥下的肉色人皮和一具干瘪的绿色人尸组成，袋里塞有人体组织和人体器官。这些人都是死于鼠疫、水肿、麻风、天花、肝炎、霍乱、血液和脑部等毒性最强的传染性疾病。疾病种子袋往往被画成一张膨胀的人皮，无骨架的四肢在颈后打成结，一条蛇缠绕在尸体的脖颈上。

这个宗教人物的神器及其形象充满死亡的意味，汉语中也常使用“包藏祸心”来表述一个人邪恶的动机或者给他人带来灾难的想法；常使用“酒囊饭袋”来形容一个人沉溺于躯体享受，近似没有灵魂的行尸走肉状态。

躯体从诞生到死亡是一个自然发展过程，遵循先生后死的发展顺序，但心理或精神层面上诞生与死亡的感受则如影相随。因此，在神话与宗教中，我们总是能看到生与死的对立与统一。“包”意象的原型象征意义也是如此，同时具有“混沌初生”的孕育之义和“病老灾祸”的死亡之义。

神经性耳鸣与死亡话题恐惧——汉字视角解读

首次咨询时，B 女士提到了急需解决的两个问题，一个是近五个月加重的耳鸣问题，另一个是持续多年的对死亡话题的恐惧问题。有关耳鸣，B 女士暑期曾经去医院检查，未发现器质性问题，诊断为“神经性耳鸣”。B 女士曾进行过中医按摩，稍微有些效果，但效果难以维持。有关死亡话题恐惧，日常生活中和死亡、潜在危险有关的话题与活动，都会引发 B 女士的恐惧感，而与此相关的生活事件有好几件，最早是爷爷的去世，之后是高中就读地的恐怖袭击事件，最近是新闻报道的明星自杀事件。

沙盘游戏是一个可以快速与身体、与本能、与情绪、与自主创作建立关系的工作方式。在对自己的知情意模式进行观察的基础上，B 女士借助沙盘游戏逐步面对“耳鸣”与“恐惧”这两个核心问题。工作中耳鸣和死亡话题恐惧逐步得到缓解，缓解过程呈现出时好时坏的螺旋式推进模式，总体上维持了“先认知后沙盘、先意识后无意识、先生活细节后感受象征”这样的节奏。

从汉字入手再次回顾 B 女士的问题，我们可以看到语言文字对身体感受的象征性表达。这里要提到的两个汉字是“肾”与“耳”，它们表示我们的两个身体器官。从汉字来讲，“肾”繁体字为“腎”，从“臤”（qian），其形义表示手眼相随（“臣”是眼睛的形状，“又”是手的形状），其音义表示坚固与紧握的意思。从身体器官来讲，“肾”主生殖，主蛰封藏，精之处也，是一个人的先天之本。也就是说肾脏主管一个人的先天之生命力，其字义中也表达了对生命力的紧握与坚固之意。古人不依赖现代解剖学，就能够理解“肾”这一脏器的功能，并且用相应的文字和发音来表示。

从汉字来讲，“耳”没有繁体字，其形义表示一个母腹中倒立的胎儿，其音义表示“儿”“尔”（古音为 ni）“尼”（形义为男欢女爱）。从身体器官来讲，耳朵是五官中的一个重要器官，“耳”主听觉，也兼具保持身体平衡的机能。耳朵的外形及其字形所表达的信息与新生命的诞生与成长有关，其发音所表达的信息与亲密的人际关系有关。其器官功能是倾听外部信息（无论自然的声音还是亲密的人际间交流）与内部信息（自己的内在真实心声），更兼顾外在身体平衡与亲密关系的人际关系平衡。

“肾”字发音与“圣”相关联，“圣”的繁体字为“聖”，从“耳”。中医理论认为肾开窍于耳，故耳的听觉功能与肾的精气盛衰有密切关系，肾精充足，髓海得养，则耳的听觉功能正常。肾的动物原型为玄武，其形象为龟背上盘踞一条昂首的灵蛇，龟为大地为脊背，蛇为天空为脊骨，玄武通天地，肾脏可将性力与生命力通过脊髓骨上传至髓海（大脑），谓之精化神。因此，肾之坚固不但在于躯体强健还在于心神紧握，心神紧握则耳力正常。如果人精气虚衰，髓海空虚，则听力减退，可能会出现耳鸣、耳聋等问题。

中医五志思想认为各脏器都蕴含着不同的情志，肾脏蕴含着恐惧。肾主生殖，与生命力息息相关，其蕴含的恐惧是畏惧失去所拥有的生命力，即恐惧死亡。事实上，在琐碎的日常生活中，我们往往会对生命状态视而不见，而恐惧的情绪会唤醒生命的存在感。耳朵作为肾脏的外窍，用倒立胎儿的形状彰显着我们的生命力，生命力受到威胁也会表现在耳朵的功能损伤上。

从汉字形义音义以及字与字之间关联来看、从身体器官功能以及功能之间的联系来看，B 女士的两个核心问题表达着同一个信息：我觉得我的生命状态不够安全，周围充斥着有关死亡的信息或死亡的可能性，不管是意外的自然事件或人为事件还是身体健康出现问题，这些都会让我时刻感受到有关死亡的恐惧，由此引发的躯体表达也开始出现——从肾脏到耳朵。

B 女士成长中一直存在的消耗性问题，比如情绪的表达一直不被母亲鼓励、母亲对其几乎都是否定性评价、母亲不爱自己自己就活不下去的担忧、被强制要求住校就读很远的初中、在友情中的唯唯诺诺、目前一家三口身处三地的分离状态……这些问题都指向 B 女士的内在生命力，也指向 B 女士最为突出的两个核心问题。

B 女士成长经历中母亲的强势存在，使 B 女士将自己的生命力依附在母亲身上，初中住校与母亲骤然分离加剧了对依附的渴望和对分离的担忧，目前一家三口三人三地生活让来访者终日惴惴不安……所有这些成长中的经历与体验都指向一处：B 女士虽然已经是一个独立生活学习的大三学生，但内心依然是一个和母亲共生的不能自主表达诉求、表达情绪、作出决定的缺乏基本安全感的孩子。漫长日夜浸泡出来的无意识的应对模式，潜藏在 B 女士年龄增长、环境变化、任务转化的背后，用它的方式表达自己——从死亡话题恐惧到神经性耳鸣。

个体无意识力量巨大，而汉字中所蕴藏的集体无意识信息，让我们真切地感受到华夏民族祖先的智慧。个体像金字塔的塔尖，家庭、家族、民族、文明是塔尖下的一层层塔基，支撑着个体的生命，铺陈开个体的生活。个体对自己生活的觉察，对自己之所以成为自己的觉察，甚至对自己身心困扰的觉察，都是通往生命起源更深处的道路。

长出来的小岛

A 小宝是一位 5 岁男孩，正在上幼儿园中班。预约心理咨询时，妈妈称孩子小时候由自己照顾，养育环境比较宽松。半年前因为居住地迁移，孩子从一个管理很严格的幼儿园，转到了一个管理较为温和的幼儿园。进入新的幼儿园，孩子多次攻击小朋友，打老师掐老师，嫌老师向家长告状，老师劝妈妈给孩子转一所幼儿园，目前老师已经拒绝孩子入园。已经临近放暑假，妈妈只好告诉孩子幼儿园提前放假了，孩子现在每天待在家，由外婆照顾。

咨询师了解到，A 小宝和父母，一直和外公外婆生活在一起，外婆帮助妈妈照顾小宝。父母感情好，父亲出差机会比较多，妈妈很漂亮，工作很努力，外婆和妈妈对生活品质的要求都比较高。小宝足月顺产，没有生过大的疾病，上幼儿园之前妈妈给小宝报过不少兴趣班，目前他对画画特别感兴趣。原来的幼儿园老师很严格，小宝在那里比较活泼，但没有表现出特殊的攻击行为。

妈妈带 A 小宝来咨询室之前，告诉孩子这是一门游戏课程，孩子很感兴趣。第一次沙盘游戏工作结束之后，孩子表示想继续上这样的课。整个工作持续了十二次，每周一次，每次一小时。其间咨询师与小宝父母进行了四次家长谈话，每次谈话时间一小时。

A 小宝视角（第一盘）

仙女（位置 1）

仙女（位置 2）

树丛中的大母神（黑色）

棺材里的石子

A 小宝第一次来咨询室，妈妈送他来，介绍咨询师是游戏课老师，告知一小时后来接他，妈妈就走了。小宝用愉悦的声调礼貌地称呼咨询师为“阿姨”，和咨询师一起进入沙盘室，开始玩沙盘。

工作结束后的盘，里面的东西满满当当。小宝最先放进去食物，后来又拿走了。之后放了风车、手推车、大母神、大海船、很多树木、深海鱼、蜘蛛、家具、石子……放东西的过程中，一会儿让咨询师闭上眼睛，一会儿让咨询师睁开眼睛，摆放的过程中自言自语说着沙具的名字。

A 小宝继续往沙盘里放东西，荷花、桌子、骷髅、棺材、两只眼睛、盒子等，在有内部空间的物品里再次放入小东西……拿东西的过程中，A 小宝不小心把一个小男孩沙具掉在了地上，沙具小男孩的脖子摔断了，小宝对沙具说：“对不起，小哥哥。”把沙具放进咨询师手里，咨询师平和安静地接过来，没做更多回应。

A 小宝继续放东西，又放了门墙、房子、断桥。放断桥的时候小宝想把断桥弄坏，他看了看咨询师，放弃了这个想法。之后又继续放了恐龙、厨房、骷髅头、星星、月亮……直到沙盘里面几乎没有空隙。最后小宝拿了一个带翅膀的仙女，一边问咨询师喜欢不喜欢，一边把仙女放在盘子的边缘（位置 1），这看上去非常危险，因为很容易被碰到而掉到地板上。咨询师很认真地回答说喜欢，没有做其他回应。过了一会儿，A 小宝把仙女放进沙盘左下角的草屋中间（位置 2）。

在咨询接近结束的时间，A 小宝也结束了沙盘，他对时间的把控非常准确。他说：“我都忘记这是玩的课程了，我害怕下次不让来，希望我能多玩几次。”咨询师问：“妈妈说这个课程有多少次呢？”小宝说：“12 次。”咨询师说：“那我们就能玩 12 次了。”妈妈按时来接小宝，小宝主动对咨询师说：“下周我来，你等我哦。”咨询师回应一定等着他。

重点细节分析：A 小宝能够很快适应新环境，投入游戏中。沙盘中的物品非常多，物品的色彩、形状、空间、种类几乎涵盖了所有可能性，有内部空间的沙具都被填充了小沙具，还有不少沙具被掩埋在沙子里面。可以感觉到：A小宝的内在空间就像沙盘呈现的一样，丰富、杂乱、拥挤、冲突、隐藏……

还有一个非常重要的细节，就是A小宝不断对规则进行试探。虽然沙盘工作开始之前，咨询师没有提及任何规则，但不能任意破坏物品，应该是A小宝已经习得的规则。整个工作过程中，A小宝有三次行为与“破坏”沙具有关。第一次是他不小心在拿沙具时将小男孩摔到地上，小男孩脖子摔断了，小宝很自然地说了对不起，并且直接对着沙具男孩喊小哥哥，之后把损坏的沙具放在了咨询师手里。

第二次是A小宝在拿断桥的时候，想把桥完全掰断。断桥模型中地面是连贯的，桥体是断开几截的，小宝想掰断的时候，看了看咨询师，虽然咨询师只是温和地看着他，他还是停止了掰的动作，把断桥放进了沙盘。

第三次是A小宝对仙女做出的行为，他一边问咨询师是否喜欢这个仙女，一边直接将带翅膀的仙女放在沙盘边缘。只要稍稍一碰，仙女就会摔下去。咨询师回应喜欢，过了一会儿小宝就把仙女放进沙盘了。

这三次与“破坏”有关的行为，第一次出乎小宝的意料，并且确实造成了破坏的事实。第二次断桥本来就是一件有损毁意义的沙具，小宝拿到它的时候破坏的冲动呈现出来，但小宝看了看咨询师还是忍住了破坏冲动，咨询师似乎代表着某些正在约束着小宝的现实规则。第三次小宝把仙女放在沙盘边缘，这个将仙女置于危险的动作，充满了主动试探的味道，他在试探咨询师会怎样面对这种危险。咨询师没有做出任何反应，给了小宝自己选择的空间，他接下来选择将仙女放入盘中。

三次与“破坏”有关的行为中，A小宝表现出关联于现实规则的三种不同感受。小男孩摔坏了，小宝有真诚的歉意，但他只能接受摔坏的现实；断桥引发的破坏冲动，小宝能察觉也能对自己进行现实约束，没有出现进一步的破坏行动；仙女放在沙盘边缘，危险与安全完全掌握在小宝手里，小宝最终选择了安全。整个工作中，在咨询师不给予过多干预的状态下，A小宝呈现出了很好的控制感与协调性。

A小宝只有五岁的年纪，还不能用语言表达内在很复杂的感受，但在做沙盘的过程中，可以看到其内在的冲突与混乱，也可以看到其自我控制与自我协调的能力。A小宝的核心冲突，体现为遵守规则与突破规则之间的冲突，也体现为色彩清丽造型优美的仙女，与同样有翅膀的黑色大母神之间的冲突，也体现为黑色的棺材与里面白皙的石子之间的冲突。

沙盘游戏工作中，第一个沙盘往往能够呈现出来访者初始的整体状态，之后的沙盘是在初始状态上的持续调整。A 小宝所面临的冲突中，和规则有关的部分，正是我们之前提到的父性养育功能的内容；和仙女与大母神有关的部分，正是我们之前提到过的母性养育功能的内容；和棺材与石子有关的部分，正是极端冲突状态下与生死感受相关联的内容。这些内容都具有对立的两面性，A 小宝正在以自己的方式整合着它们，接下来的沙盘工作将为他提供一个象征性的操作空间。

A 小宝视角（第二盘）

树丛中的大母神（黑色）

棺材和黑盒子

第二次做沙盘，A 小宝先放了骷髅棺材和宝石，又放了风车，接着放了餐桌以及一小篮食物，放了冰箱，嫌冰箱小，又找了黑盒子在里面放入蛋糕……特别值得一提的是，A 小宝将大母神放在了上一次仙女所在的位置。仙女与大母神之间的对立性很清晰。小宝拿了一个小的天使，让她在沙盘里的高楼上（十厘米左右）摔下来，小宝重复这样的动作很多次。上次工作中小宝将仙女放在沙盘边缘，现在的动作达到了让她摔下来的目的。小宝还拿了一个小水井放在了沙盘的左上角，左上角除了水井没有其他沙具，看起来宽敞一些。陆续放沙具的过程中，小宝依旧让咨询师按他的命令闭眼睁眼。

这次沙盘工作中，有两个细节值得注意，一个是A小宝说："我要去拉屎"，并且让咨询师全程陪着他，最后给他擦屁股。幼儿园中班的小宝，是完全可以自己擦屁股的。在象征意义上，A小宝将自己身体里最不洁的东西呈现给咨询师，这几乎是对咨询师最高形式的接纳与袒露，也几乎是对咨询师最大的考验。当然这些接纳与考验发生在无意识层面，小宝不知道也不需要知道这些意义。

另一个值得注意的细节是，A小宝一边手拿海螺，一边唱海螺歌，歌词全部都是海螺来陪伴自己的内容。小宝对海螺聊起自己的幼儿园，他说："我在幼儿园没有一个朋友，你能做我的朋友吗？幼儿园放两个月的假，我现在不去幼儿园。"咨询师没有询问也没有回应，只是听着小宝自言自语。

A小宝全程都比较关注时间，他做完沙盘的时间正是咨询快结束的时间，他说外婆不让来这里玩儿，他有些担心以后能不能继续来，咨询师回应说妈妈讲好的12次肯定是可以来的。

A小宝视角（第三盘）

被缚的普罗米修斯

（用来交换的）书籍

加水的水井

（故意弄坏的）蛋

第三次工作时，A小宝一进来就说自己已经拉屎了，外婆说自己在这里拉屎不好。小宝带来了书籍模型，要和咨询室里的相同模型进行交换，咨询师同意了。小宝邀请咨询师一起参与游戏，他拿了尖塔、被俘的普罗米修斯、水井、手电、哨子、一对鸭子，在水井里加上了水。咨询师拿了一对白菜、算盘、小兔子……有一个装着四个蛋的蛋窝，小宝悄悄地弄坏了其中三个，把它放在沙具架子上，没有放进沙盘。咨询师知道这一切，但小宝以为咨询师不知道。

A小宝这次很快做完了盘，盘里的东西不再像以前那样拥挤，盘的中心位置放了一个被俘的普罗米修斯，这是一个为人类盗取火种而受罚的神，他每天被飞鹰啄食内脏。小宝并不知道这个故事，他也许只是选择了这个沙具所呈现出来的痛苦。

A小宝做完沙盘后选择玩涂色书，涂色时小宝问怎么玩？咨询师让小宝制订游戏规则，小宝涂色中故意违反自己制订的规则，让咨询师批评他，并且再三强调自己可以承受批评。事实上小宝的涂色只是有些地方超出了框架，并没有严重的错误和后果。咨询师没有批评，只是说你很棒的，不需要批评。A小宝问这是真话还是反话？咨询师表示是真话，小宝说要和咨询师做朋友，分开的话会想咨询师。最后走的时候小宝带走了他交换来的书籍模型。

A小宝视角（第四盘）

断头的恐龙

吓人的蜘蛛

第四次工作时，A 小宝想涂色，咨询师陪着他，看到小宝的笔触力量强且方向混乱，提议小宝可以尝试着加快或者减慢，可以尝试各种不同的力量和方向，小宝很开心地试来试去。快涂完一张的时候，小宝要咨询师陪他去厕所大便。

从厕所出来之后，A 小宝开始玩沙盘。盘中心位置是之前出现过两次的黑色大母神，小宝说这也是一个会飞的仙女，但是一个坏仙女。小宝这一周看了三集哈利波特电影，沙盘中的一个恐龙被小宝称为“鹰头马身有翼兽”，这是电影里面的一个角色。小宝悄悄用力将恐龙的头扭断，他对咨询师说是不小心的，咨询师予以默认。他把恐龙头拧断后，拿其他恐龙来救，在拿其他恐龙的时候，小宝不小心撞到沙具架，沙具架上的东西倒了很多。小宝有些抱歉，这时咨询师指出撞到沙具架是不小心的，刚才拧断恐龙是故意的。A 小宝说别告诉妈妈，咨询师说这里发生的事情都不会告诉妈妈。

之后 A 小宝拿了蜘蛛，放在咨询师头上吓唬咨询师，咨询师没有表现出受惊也没有制止。小宝接着用树叶给蜘蛛做翅膀，和咨询师相约下次用胶水来修复恐龙，再把树叶翅膀粘在蜘蛛上。这次沙盘工作中，A 小宝和咨询师之间，因为规则进行了比较有冲突张力的互动，澄清了“破坏”行为背后的不同动机状态。

A 小宝视角（第五盘）

仙女

修复后又粘上翅膀的小男孩

第五次工作时，A 小宝拿了红绣球、卡通小猪、美人鱼，一边拿一边说：“我们今天就放好的东西，没有我的允许不能放坏的东西。”接着又拿了带翅膀的仙女和一座桥。A 小宝看到万能胶以及断了头的恐龙，想起上次约定的修复计划，还想起了摔断头的小男孩，以及那个装蛋的窝，提出要修复它们。修复的时候，剪了纸翅膀粘在了小男孩的背上。在粘翅膀的时候，A 小宝叫“妈妈”，咨询师本能地答应了一声，A 小宝说：“不是小男孩在叫，是我在叫。”小宝和咨询师一起笑了。工作中小宝又叫咨询师陪他去厕所大便。

有几个沙具也被胶水粘在纸上了，A 小宝说可以留到下一次吗？咨询师说；“小男孩的翅膀可以一直保留，其他的东西不能保留到下一次。”小宝说：“有别的小朋友也来玩吗？”咨询师说：“别的小朋友也会来玩，像我们现在这样子，认真地一起玩。”A 小宝说：“当然，是的。”

小宝需要面对一个现实，咨询师是此刻他心里面很亲近的人，他想用“妈妈”来称呼，但这个人也会和其他小朋友一起游戏，和其他小朋友分享的事实并没有让此刻的陪伴变得不好。这是一种非常复杂的情绪体验，从小宝的反应中可以看到，他在逐渐涵容这些复杂的情绪。

A 小宝视角（第六盘）

第六次工作中，A 小宝对咨询师说："我能不能下次改一个时间？你改动了一次时间，我也改动一次吧。"咨询师说可以。接着小宝开始玩涂色书，在涂色过程中主动尝试控制快慢轻重，涂边缘的时候会慢下来，涂中心的时候速度会加快。小宝边涂色边和咨询师聊天。

A 小宝说："如果发大洪水，你淹死怎么办？"

咨询师说："我努力保护自己，不让自己淹死。"

A 小宝说："我会魔法，我可以救活你。"

咨询师说："谢谢你。"

A 小宝说："我想淹死怎么办？"

咨询师说："你也要保护自己。"

A 小宝说："我要先救你，你最重要。"

咨询师说："你先保护好自己再来救我。"

A 小宝说："我还是要先救你。"

大约还剩 15 分钟的时候，A 小宝要做沙盘。做盘的过程中，A 小宝在盘里发现了一个残破沙具，说是他自己弄坏的。咨询师知道这不是他弄坏的，于是告诉小宝自己知道不是他弄的，也知道人们弄坏东西时是有意的还是无意的。

这次工作中，小宝表达了对咨询师强烈的接纳，甚至愿意牺牲自己来救处于危难中的咨询师。某个时刻，在小宝心里面，与咨询师之间的关系价值，超出了他个人生命的价值，或者说两个人的生命价值连接在一起，这种感觉类似母子共生的状态。咨询师表现出爱护自己的态度，是在向小宝做出示范，关系有价值，关系中的个体也有价值。

A 小宝视角（第七盘）

公主

天鹅

第七次工作中，A 小宝一进来就先上厕所拉屎，让咨询师全程陪着。做沙盘的过程中，要求咨询师把头扭过去，语气很凶狠地威胁不能转过来。咨询师说："我同意你的建议，但我不是怕你。"A 小宝语气很假地说："我最不……讨厌你。"他是想说"最不喜欢你"，但临时改为"最不讨厌你"。

之后做盘的时候，A 小宝用手肘尝试攻击咨询师面部，咨询师说："如果这样我就不靠近你了。"A 小宝停止攻击。结束时小宝表示要带走一个沙具小人，咨询师不同意，他把沙盘中的公主拿起来，放进咨询师手里。接着问："这是第几次了，能否两个小时算一次，这个地方倒闭了怎么办？"

本次工作中，沙盘中心是一片水域，水域中心是一对天鹅。沙盘中还有一位被贝壳圆形环绕着的公主，以及一对新婚夫妇和一对米老鼠伴侣。画面与之前相比，轻盈了不少。事物成对出现，呈现圆形图案，这些都充满对立整合的意味。A 小宝出现了针对咨询师的语言与动作攻击行为，咨询师对自己做了保护，小宝随后调整了言行，双方互动很自然，没有激荡起很大的情绪张力。

第八次工作时，A 小宝感冒咳嗽，自己带了一本涂色书、一盒水彩笔和一包干果。他没有做沙盘，只玩自己的涂色书。涂色 5 分钟后他要去拉屎，这次咨询师问自己可以从厕所里出去吗？他自得地说："你想你能出去吗？"言下之意他不让走咨询师就不会走。

从厕所出来继续涂色，A 小宝在动作快慢、边缘勾画中的控制感大有进步。小宝边涂边教咨询师怎样涂，怎样区分颜色。之后小宝称干果里有草莓干，太甜，妈妈不让吃。他拿到草莓干就咬一点点，放在咨询师手里让咨询师吃，放了三次咨询师吃了三次。小宝说："我专门看你吃不吃？我咬了，上面有我的口水。"说完把一个草莓干含进嘴里，又吐出来，给咨询师吃，咨询师拒绝了，两个人同时笑起来。

A 小宝的行为充满试探，但对试探的结果又充满信心。无论上厕所时不让咨询师离开的自得，还是自己咬过的草莓干咨询师不会嫌弃，他都很确信咨询师对他的接纳。与此同时，A 小宝也知道边界在哪里，当自己吐出来的草莓干被咨询师拒绝时，他和咨询师相视大笑，正是两个人对于边界的默契共识。

A 小宝视角（第八盘，第 9 次）

食物筐

水井

第九次工作中，A 小宝拿了大母神放在中央，拿了洗澡间、橱柜，拿了一盒子食物放在右下方。之后要去拉屎，从厕所出来后拿了几乎所有的绿色植物，在沙盘中间放了一排，拿了一对婚礼夫妻和一对荡秋千的小孩放在树前面，又拿了彩虹、蜘蛛、小女孩。小宝把小女孩埋进沙里，将彩虹放在上面，又挖出小女孩，说小女孩得救了，把小女孩送给咨询师。之后把加油站放在彩虹附近，拿风车小屋、水井放在左上角。把自己水壶里的水倒进水井里，喝了一口井里的水，之后将水壶里的所有水倒入沙子，将湿沙翻起来，洒在所有树上，将所有东西都破坏掉，说来了暴风和洪水……只有位于咨询师这一侧的食物没有动。

这是 A 小宝最大的一次破坏行为，他不是破坏某一个沙具，而是破坏了整个沙盘画面。某个沙具在小宝心里是属于咨询室或者咨询师的，而他创造出来的沙画世界是属于他自己的。沙画世界遭遇了暴风与洪水，整个画面都被毁坏了，这也是小宝内心世界在遭遇暴风与洪水之后的情景。在遭遇灾难之前小宝救了小女孩，灾难之后小宝保留了食物，这些都让生命有了延续下来的可能。

A 小宝视角（第九盘，第 10 次）

重建的世界（仙女）

全部毁坏的世界

第十次工作中，A 小宝在沙盘左下角摆了房子，右上角摆了易拉罐的小酒，让咨询师闭眼，在咨询师头上放了螃蟹、蜘蛛和蝎子，又让咨询师睁眼，咨询师表示惊讶但没有表现出恐惧。之后 A 小宝要去大便，从厕所出来后在沙盘上方放了货车轨道，两头也摆了屋子和城堡，称这是两个火车站，一个中国的一个加拿大的。之后在沙盘中做出工地，放了很多车，很多建筑物，包括危楼断桥，之后放了白云、太阳、月亮、星星。这些东西都是分散放的，但遍布整个沙盘。

还有 5 分钟就要结束的时候，A 小宝将所有东西推倒，说这是骷髅的力量，现在是骷髅的世界。咨询师问："你是不是不想结束？" A 小宝说："不想结束，但必须结束，我只能接受，你一定要记住我的名字。"咨询师也表示了对小宝的不舍，小宝拥抱了咨询师。随后小宝站在沙盘旁边说："还有时间。"他将所有的植物拿出来，将带翅膀的仙女拿出来，说："你看这个世界多美丽。"

按照妈妈和小宝的约定，一共进行 12 次工作，小宝在第九次工作结束时，就开始数剩下的工作次数。现在是第十次工作，小宝的毁坏行为和整体工作即将结束，这是一个被外在力量毁坏的世界，这个外在力量是小宝不能控制的，小宝认为这也是咨询师不能控制的。但是当咨询师表达对小宝的不舍之后，小宝重新建设了一个世界。

在内在感受中，不得不中断的是小宝和咨询师的关系。关系的中断，就像内在世界的毁灭。小宝要求咨询师一定要记住自己的名字，这是小宝让关系存续的方式；咨询师的不舍，让小宝知道咨询师也有着与自己相同的感受。正是因为咨询师理解到了小宝的感受，彼此之间的关系就不会中断，世界就不会毁灭，小宝就有了重新建构的力量。

A 小宝视角（第十盘，第 11 次）

长出来的小岛

角落里的骷髅

第十一次工作中，A 小宝拿了三个跳舞小女孩摆在沙盘右侧，接着用手拨沙，在沙盘中间拨出一个圆形水域，在水域中心用沙子做了一个小岛，小宝说这是一个爱心岛。小宝一边做沙盘一边讲故事，说没人知道湖心有个小岛，这个小岛是自己慢慢长出来的，别人以为上面没有人。其实这是一个仙女的，小宝在上面放了两个跳舞女孩，两棵大树，两棵小树，带翅膀的仙女，水上放了三朵莲花，一条沉船，很多鱼。小宝说附近有一个黑魔岛，上面有骷髅。但他们不是真坏蛋，只是太活泼了。小宝做盘的时候，对咨询师说："就算课结束了，我也知道你在这个世界上。"

沙盘中间有三层圆形区域，最外围是沙，中间是水，水中依旧是圆形小岛，这个三层圆形区域是一种更为复杂的整合状态。小宝的语言也在表达着同样的信息，他说就算课结束了但咨询师还在这个世界上，这个世界指现实世界也指他的内心世界。这样的语言来自小宝的真实感受，因此具有自然朴素的哲理性和穿透力。可以看到，小宝已经可以将这段关系整合进自己的内心世界了。除此之外，小宝还提到了黑魔岛上的骷髅，说他们并不是真坏蛋，只是太活泼了，这是小宝对自己身上冲动性力量的接纳与整合。

第十二次工作，A 小宝带来了自己的涂色书，进入咨询室后直接开始涂色，随后翻出白纸开始画，并且一口气不停地画下去，让咨询师给他的画涂色。他画得特别有创意，咨询师说："你的画，你可以制订规则，怎样涂色？可以涂几张？他人可以带走几张？你都可以制订你的规则。"A 小宝一共画了 12 张，画完后结束了这次咨询，也结束了整个咨询。

在之前的工作中，A 小宝提出过带沙具回去，咨询师没有同意。涂色的时候，总会提出带画纸回去，咨询师约定每次只能带三张回去，小宝曾经多次争取改变这个规定，但咨询师始终坚持不改变。所以这次小宝自己创作出可以涂色的图画，咨询师特意指出其拥有制订所有规则的权力。

在咨询进行到第九次的时候，小宝已经重新开始了他的幼儿园生活，妈妈为他重新选择了一个幼儿园，孩子在新的幼儿园适应良好。沙盘工作期间，咨询师和 A 小宝的父母进行了四次谈话，第一次了解了小宝的基本情况以及求助原因，这次谈话小宝不知道。接下来每四次工作后，咨询师会和父母沟通一次。和父母谈话是经过小宝同意的，谈话只涉及如何更好地理解孩子。内容包括：不需要刻意为孩子制造挫折、多一些肯定句形式的表达、了解孩子需要用攻击释放怎样的能量、对原则的坚持不是必须伴随负面的情绪表达、理解孩子的爱以及孩子对爱的渴求等。A 小宝的父母每次都会很认真地参与讨论，表示在生活中也会对亲子沟通加以改进。

幼儿沙盘个案中，幼儿感受到的父性与母性功能、消极与积极功能之间的冲突，以及冲突之间的整合，都会在沙盘工作中呈现出来。沙画与沙具、行为表现与身体反应，是幼儿表达自己的主要方式，语言表达比成人少很多。

在A小宝的沙盘工作中，小宝多次在行为上试探，既试探咨询师对规则的坚持以及坚持的态度，也试探咨询师对他的接纳程度。身体层面上，小宝十二次工作中有七次去厕所大便，这已经不是小宝能够随意控制的行为，而是身体的自然反应。身体选择在咨询室排泄废物，同样小宝也在咨询室卸载着他的精神负担。创作最后一幅沙画的时候，小宝说湖心的小岛没有人知道，小岛是自己长出来的，这是多么贴切的语言，如此形象地描述着小宝内在整合性力量的增长。

生日聚会

B小宝的父母为他预约心理咨询，是因为他们发现孩子受到了幼儿园老师的恶意对待。B小宝今年六岁，是一名幼儿园大班男孩，最近父母发现他似乎心事重重，情绪低沉，问询怎么了他也不做回答。父母怀疑孩子在幼儿园发生了一些什么，调取了幼儿园监控视频，看到有一位老师持续多次粗暴地对待孩子。上课的时候，让小宝在角落里罚站，不许参加小朋友的集体活动。午休的时候也在角落里罚站，不许和小朋友一起休息。这种情况在近一个月内连续发生，父母正是在这段时间观察到小宝发生了变化。

父母知道这件事之后，一方面和幼儿园交涉，对老师的行为予以追究，另一方面为孩子联系心理咨询师，希望尽量减少对孩子的伤害。B小宝对父母所做的事情有一些了解，但他依旧不会主动向父母提及老师如何对待他、为什么这样对待他，也没有很强烈的情绪表达。联系好咨询师之后，父母告诉孩子这是一个游戏的课程，他可以来看一看，B小宝答应了。

咨询师了解了B小宝的基本情况：父母都很年轻，自由恋爱结婚，感情很好，小宝是唯一的孩子。小宝足月顺产，一岁之前外婆外公帮助妈妈照顾小宝，一岁之后小宝跟随外公外婆生活，外公外婆的家离小宝自己的家100多公里，父母半个月回去看望小宝一次。直到小宝需要上幼儿园的时候，父母才将他接到身边。小宝平时比较安静，性格温和，没有和别人发生过冲突。

B 小宝视角（第一盘）

第一次工作，B 小宝和妈妈来到沙盘室，妈妈说来玩沙子吧。B 小宝站在妈妈身边，不说一句话，一动也不动。咨询师问："你想让妈妈在哪里呢？你可以决定"，孩子不说话，也不动。咨询师又问："你是想妈妈在这里吗？"孩子点点头，妈妈和孩子一起走到沙盘边，之后妈妈返回到门口的椅子上坐下。

咨询师站在沙盘一边，孩子站在相对的另一边，孩子依旧一动不动。咨询师告诉孩子可以给自己指令，让自己坐在哪里。孩子不说话，于是咨询师闭上眼睛，让孩子给自己指令，孩子依旧不说话。咨询师闭着眼睛移动，在咨询师快坐到地上的时候，孩子开口提醒说快到地上了。咨询师问应该去往哪一边？孩子说往左，于是咨询师摸到了左边的沙发，坐了下来。

B 小宝站在原地，手指开始轻轻弄沙，眼睛偶尔和咨询师接触，不躲避，但很冷漠，身体紧张僵直。小宝手部动作慢慢变大，手臂伸长划沙，一发现咨询师在看他，就收紧动作。之后咨询师闭上眼睛，小宝悄悄地踱向妈妈和妈妈小声说话。

B 小宝小声说出希望妈妈和他一起玩，于是妈妈也来到沙盘边。妈妈先做了洞穴，在下面做通道时洞穴塌陷，孩子做了很大的沙滩，在沙滩上掏洞时沙滩也塌陷了。妈妈在沙滩右侧倒水，水流出来的时候，小宝说有个人淹死了。在最后的十分钟里，母子俩开出一条道路和一个大停车场，停车场位于咨询师这一边。

沙盘工作的结束比较困难。孩子叫爸爸进来拍照，结束延时了十分钟。告别的时候，小宝走到咨询师面前，用手在咨询师手上写出了自己的名字。

第一次工作中，小宝行为迟疑退缩，不能离开妈妈独自和咨询师相处。即使妈妈在场，小宝内心也充满了对咨询师的戒备。小宝对人际限制非常敏感，对时间的限制非常不敏感。咨询师在固定位置坐定后，没有再做出过任何移动，也许是感觉咨询师危险性不高，告别时小宝将自己的名字用手写在了咨询师手上。小宝愿意与咨询师发生直接接触，对咨询师的接纳还是比较好的。

妈妈视角（第二盘）

第二次工作，B 小宝和父母一起玩沙盘，图片中骆驼是爸爸放的，沙子上的图案是妈妈做的，其他的部分都是孩子做的。孩子位于这幅图的左侧短边，咨询师坐在右侧短边较远处的沙发上。

一进沙盘室，B 小宝就主动邀请父母一起玩，咨询师说大家轮流拿沙具做分享吧。于是三个人猜拳决定顺序，第一是妈妈，第二是孩子，第三是爸爸，但孩子让妈妈第一，爸爸第二，自己第三，妈妈和爸爸站在了沙盘的两个长边位置，很快形成自己的沙盘区域，孩子则需要从父母的缝隙里掏出沙子来做自己的工作。

父母很快做完了，孩子迟疑地表达想用水，咨询师鼓励后，孩子用水浇沙，拍湿沙拍了十多分钟。父母做完后一直在等待，咨询师问可以分享了吗？孩子说自己还没做完。过了一会儿，妈妈对孩子说自己想坐下，孩子同意了，又过了一会儿，爸爸也对孩子说自己也想坐下，孩子同意了。父母都坐到了门口的椅子上，椅子离沙盘比较远。

咨询师离沙盘近一些，于是蹲在沙盘旁边，陪伴和等待孩子。孩子一直拍打和掏沙，重复着上次做沙盘的动作。小宝用手挠脸，沙子掉进脖子，他看向咨询师，咨询师帮他清理掉，孩子说里面也有，于是咨询师帮他清理了肚子上的沙子，并整理了一下衣服。

到了结束的时间，咨询师提醒结束，孩子说自己还没做完，最终孩子将沙做成了可以让汽车通过的通道。之后孩子让爸爸先拍照，妈妈再拍照，邀请咨询师最后拍照，爸爸拍照时孩子仔细地清理了通道上的沙子，最终结束延迟了 15 分钟。

这次工作中，父母都在场的情况下，孩子允许咨询师离自己近一些，并且让咨询师帮自己清理沙子，这是孩子对咨询师的进一步接纳。在游戏顺序上，孩子主动选择自己最后一个做，把优先权给父母。父母参与沙盘游戏时，两人都没有给孩子留空间，孩子需要在父母的空隙中掏取沙子。同样，孩子在时间上让父母等待了很久，直到父母主动提出坐下来。事实上，两次工作都延迟结束，时间节奏被孩子控制着。

妈妈视角（第三盘）

沙漏

黑色自行车

第三次工作，B 小宝和妈妈一起做沙盘，孩子放了铲土机，做了操场跑道，拿了自行车给妈妈。小宝在轨道上推动铲土机，妈妈拿自行车在沙上无法行动。后来妈妈用自行车在沙上画出纵横线，孩子的铲土机在纵横线附近受到阻碍，大约有十几分钟他都不去破坏妈妈做出的纵横线，只是一直问妈妈需要什么？是否需要沙子？妈妈说什么也不需要。后来小宝拿了一个沙漏，放进沙子，妈妈提议看漏完需要多长时间，试了一下，漏完需要五分钟，只剩很少沙子时沙子漏得很慢，妈妈建议倒掉，孩子坚持让沙子缓慢漏完。

结束时间到了，咨询师问孩子可以结束吗？孩子说还想玩一会儿，咨询师问是感觉玩得时间短？还是结束需要较长的时间？孩子说玩得时间短，咨询师问还需多少时间？孩子说需要 10 分钟，咨询师问需要提前五分钟提醒吗？孩子说不需要。咨询师同意再玩 10 分钟，孩子将坦克埋在沙盘中间，取出来后形成一个沙坑，孩子想放入水，但不敢提出来，在妈妈鼓励下，孩子倒了四次水，形成水池。咨询师提醒十分钟到，孩子说还想玩，但咨询师坚持结束。

这次工作中，重点在于时间带来的感受。沙漏是 B 小宝玩得最久的沙具，他非常有耐心地等沙子漏完。孩子在妈妈的纵横线前面收缩了自己的行动，一直处于等待中，也等了很长时间。工作结束依旧延迟了十分钟，咨询师询问了延迟背后的具体需要，孩子认为是自己还没有玩够。关于时间，也许小宝让他人等待，正是因为小宝在行动上经常被动地等待他人。

咨询师视角（第四盘）

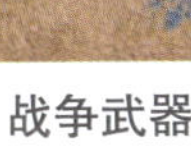

战争武器

房子

第四次工作开始前，咨询师告知小宝游戏需要准时结束，同时问孩子选择妈妈在咨询室外面？还是妈妈坐在咨询室里面的椅子上？还是和妈妈一起做沙盘？孩子选择和妈妈一起做沙盘。

孩子用手推沙子玩，胳膊全部伸展，从沙盘边推出来很远的距离，一边推一边问咨询师，你是怎么来的？什么时间来的？孩子拿了一个长排沙具做房子，用沙子不断加固房子底部。之后拿了坦克和汽车，用盘中所有的沙子堆了圆形城堡。

城堡堆好后小宝用手很仔细地抚摸，之后问妈妈可以推开吗，妈妈说做什么都可以。小宝将城堡全部推开后，提议和妈妈玩打仗，拿了战车、飞机和潜艇，为两人分配好。两人玩了很久战斗游戏，一遇到作战间隙，小宝就把自己的四个武器埋进沙里。

咨询师告知时间到，小宝说还想玩 30 分钟，咨询师说现在不是在增加玩的时间，是在做结束，如果结束需要多长时间呢？孩子说需要十分钟，十分钟到了，孩子将盘里的车放回沙架，只留了一个大坦克和一个小坦克。

这次工作中，B 小宝的行动积极了很多，工作时他用所有的沙子堆起了城堡，还建设和加固了一所房子。游戏结束依旧比较困难，但这次孩子明确自己结束的时间需要十分钟。

妈妈视角（第五盘）

妈妈的部队

大 boss

有信号

无信号

第五次工作，B小宝大声地正式地邀请妈妈，他拿了一大一小两个坦克，大的给自己，小的给妈妈，之后想找一个大boss作为攻击目标。小宝选了之前用过的一排房屋做大boss。战斗中一旦大boss被攻击，孩子就会给大boss增加很多战斗装备。

结束时间前十分钟，咨询师对时间进行了提醒，妈妈建议结束时要打败大boss。孩子虽然为妈妈增加了很多日用小汽车，但他多次用大boss和妈妈的汽车撞击，动作有力以至于大boss上面有了裂口。打完仗小宝拿了一串烤鱼给汽车补充能量，妈妈说要给朋友补充能量，于是孩子拿鱼让友方（妈妈）的汽车吃了一遍，但最后还是把鱼放进了大boss的空间里。做盘的过程中，孩子有两次抬眼认真地注视咨询师，咨询师微笑回应。

工作按时结束了，对小宝而言，这是一个巨大的进步，这意味着他能区分自己到底是需要多玩一会？还是需要多一些结束时间？小宝在这次工作中，第一次出现了针对妈妈的直接对抗，游戏中他看起来和妈妈是友军，但一直尽力帮助大boss和妈妈作战，最后的补给也给了大boss。与妈妈作战，对小宝而言，这依旧是一个巨大的进步，这意味着他可以站在和妈妈平等的位置上参与游戏了。此外，工作中还有一个细节，妈妈注意力集中的时候，孩子在沙子上画出了网络信号图案，妈妈注意力不集中的时刻，孩子在沙子上画出了没有信号的交叉符号。小宝并不是刻意而为之，只是很随意地在沙子上描画。

咨询师视角（第六盘）

细节图 1

细节图 2

细节图 3

细节图 4

第六次工作，B 小宝和妈妈一起做沙盘，小宝拿小铲子在沙盘里铲沙，沿长边方向推着沙子玩儿。妈妈接电话出了咨询室，孩子一个人很自然地玩儿，十分钟之后妈妈回来。妈妈回来后，小宝说我们还玩打仗吧！但是他没有拿武器，而是拿了一个蛋，埋在靠近咨询师这一侧的沙子里，又选了一只小鸟放在盘里，母子俩玩了很长时间孵化小鸟的游戏。后来小宝拿了沙漏，放在盘里，拿了一辆工程车和一辆自行车，让妈妈拿着自行车，跟随自己的工程车在盘的边缘快速前进。提前十分钟，咨询师提醒结束时间，工作按时结束。

这次咨询中，妈妈出去接电话，小宝和咨询师单独待了十分钟，他投入在游戏中，妈妈出去几乎没有对他产生影响。工作中“孵化”与“追赶”两个游戏主题中，小宝一直处于主导位置。结束时小宝将沙具都放回了沙架，所以沙盘中只有沙痕。

妈妈视角（第七盘）

生日聚会

毁掉聚会

第七次工作中，B 小宝还是邀请妈妈一起做沙盘，他先拿了一个木质衣柜做冰箱，将一些小食物放在里面，随后开始寻求架子上所有的食物，分别用白色容器盛好，放入沙盘的左侧。小宝拿了四个天线宝宝排成一排，放了电视机在右侧，让他们看电视。妈妈拿了椅子进来，让天线宝宝们坐下来。

小宝拿了铲子和筛子，用筛子做生日蛋糕，将所有食物全部放入筛子，用沙子盖起来，拿了桌子，将生日蛋糕放在桌子上，妈妈拿了七根树枝插在蛋糕上，说是过七岁生日。小宝拿妈妈手机录视频，让妈妈介绍小朋友，并让妈妈给它们起名字，称那个唯一有天线的绿色的天线宝宝是自己，问自己的姓名（真实姓名）是谁起的。

之后 B 小宝放入更多木制家具，放入马桶和洗手池，让小朋友们在吃蛋糕前逐一洗手。这时妈妈肚子不舒服要上卫生间，孩子问走多长时间？妈妈回答五分钟，孩子同意并继续自己的游戏。工作结束时，小宝把蛋糕里埋藏的所有食物都拿出来，把所有物品都弄得一片混乱。

沙盘中第一次出现了小宝认为是自己的人物，也就是那个唯一有天线的绿色宝宝，并且他向妈妈询问了自己真实名字的来由。这是小宝内在感受聚合的象征，沙盘主题“生日聚会”也具有同样的象征意义。不过小宝愿意拍视频保留生日聚会的画面，不愿意在沙盘里保留下来。

小宝在第 5 盘曾经用沙子描画出网络信号，它们和这一盘里的天线一样，都是和外界进行信息交流的象征。小宝父母反馈，他们和幼儿园持续交涉，处理结果比较满意。现在已经给孩子换了新的幼儿园，也和孩子谈了事情的处理。目前孩子在新幼儿园状态很好，孩子在家的状态也发生了很大变化，表现得像个真正的孩子了。

妈妈视角（第八盘）

绿色天线宝宝

盆里的黄色小刀

第八次工作，B 小宝依旧选择和妈妈一起玩，他先选了瓷水壶、足球场、猫、金鱼放入沙盘，之后拿着水壶来到水桶边，用水壶灌水后倒入足球场，有些水滴在沙上，小宝说不喜欢湿沙，用水冲洗水壶上的沙。妈妈说要接个电话，出去了 25 分钟，小宝在这期间几乎一直蹲在水桶边，用水壶和别的容器在水桶里来回倒水。

妈妈出去时小宝将绿色天线宝宝埋入沙中，之后又翻出来。小宝玩水的时候看咨询师，咨询师问是否需要帮忙。小宝让咨询师帮自己挽起袖子，咨询师帮他挽了一种可以长时间固定的样式。妈妈回来问你在玩水吗，小宝没有回应妈妈，妈妈坐在了门口的椅子上。小宝感觉有沙子进了眼睛，妈妈拿湿纸巾，咨询师拿干纸巾，妈妈用湿纸巾擦拭之后，孩子主动来咨询师这里，让咨询师给自己擦拭。

这次工作中，小宝开辟了水桶这一新的游戏领域，他几乎完全沉浸在来回倒水的活动中，妈妈回来的时候小宝几乎没有察觉。盆里的黄色小刀，是上次小宝让咨询师为他保留的沙具，他怕别的小朋友玩之后，这个小刀会找不到。咨询师为他保留在一个固定的位置，这次小宝又让咨询师把小刀放在同样的位置，这成了小宝和咨询师之间独有的默契。结束时小宝问咨询师这是第几次，称还有四次就见不着了，因为小宝父母告诉孩子课程一共有 12 次。

B 小宝视角（第九盘）

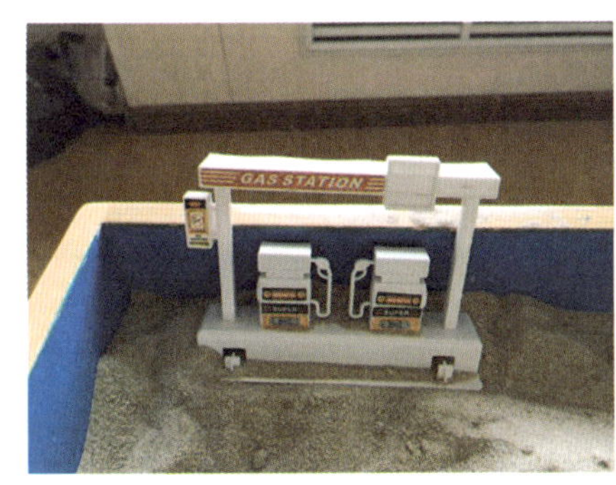

加油站

筛子

第九次工作，B 小宝和爸爸一起来，爸爸称妈妈本周有事，不能前来，小宝没有邀请爸爸，独自进入沙盘室工作。小宝进来之后，一边在沙架前走动，一边向咨询师讲述他和爸爸妈妈好几个人去南方玩儿……

后来小宝发现了一个扫地用的大铲子，他将大铲子、小铲子、耙子等工具全部放入沙盘，用大铲子推沙子玩，从沙盘一端推到另一端，之后把大铲子拿到桶边，舀水洗大铲子，再把大铲子拿到沙盘里，沾上沙子后再拿过来洗。之后拿了加油站，放在沙盘边上，拿了坦克、自行车、刷子和筛子在沙盘里。

小宝用大铲子把坦克和自行车埋了起来，掩埋速度很快。之后小宝用水洗铲子和筛子，地上溅出来很多水，桶里的水也变成了泥水。小宝用小桶舀泥水，再倒入大桶，底子上的泥沙倒入空盆，这样的淘沙动作重复了很久。淘沙过程中，小宝让咨询师帮自己挽袖子，去厕所尿的时候，让咨询师跟着去，在厕所外面等他。工作结束后爸爸说孩子有些感冒，提议孩子请假一次，但孩子坚持要来，并提出 12 次之后再做两次游戏。

这次工作是 B 小宝真正意义上的独立工作，工作中几乎都是大动作。用大铲子在整个盘里推沙，用水桶和筛子不断淘沙，孩子玩得很尽兴。淘沙的过程也是一个洗涤的过程，游戏中的小宝好像也摆脱了很多束缚。此外，小宝感冒也坚持来，要求 12 次之后再做两次，这些都是自主性的表现。可以说，小宝的自主性在沙盘游戏和外在事务上都呈现出来。

B 小宝视角（第十盘）

菊与刀

生日蛋糕

第十次工作，B小宝独自进入咨询室。他找到筛子，放入沙盘，用沙堆满筛子，称这是蛋糕，将画笔插入沙中，称这是蜡烛。之后拿了一个茶壶，四个茶杯，将沙装入茶壶，再往茶杯中倒，拿了浴缸作为烤箱，放入沙子作为茶水，盖上两层盖子，称是在烤茶水。之后小宝说想吃冰激凌雪糕，于是找了三种杯子，里面装了三种冷饮，称冷饮店主人的儿子过生日，生日蛋糕就是为他做的，他还得到很多其他礼物。工作结束时，小宝把整个生日场景都弄乱了。

这次沙盘工作，小宝描绘了完整的故事情节。有意思的是，前两次小宝用水淘沙，这次小宝用火烤沙，水与火是人类生命延续中极为重要的元素，小宝自发地呈现着水与火的景象。他的内在发生着和自然力量的链接，也在这些力量中不断整合自己。小宝喜欢一朵小花，想让咨询师为他留着，就像以前那个小刀一样，咨询师答应给他放置在固定位置。

B小宝视角（第十一盘）

第十一次工作，B小宝邀请妈妈一起玩沙盘，称后面三次工作自己一个人玩。小宝选了所有的船放入盘中，认为沙子都是大海，将船排成队伍，让妈妈选她喜欢的，剩下的都是自己的，其中有几艘船离开队伍去冒险。之后小宝看见彩笔，把彩笔放入水中，把桶里的水染成浅蓝色，又拿了其他彩笔重复这样的游戏。后来盘里的沙具几乎都被小宝装入筛子，筛子被装得满满的。

在最早的沙盘工作中，妈妈在场小宝很难放松下来，会一直关注妈妈，配合妈妈。现在小宝虽然邀请妈妈和自己一起游戏，但他只和妈妈聊天交流，不和妈妈共同玩一个游戏，两个人彼此陪伴，各自玩各自的。沙具中的船，比小宝以往使用的车辆，在动力性和冒险性上都有所增强。筛子在沙盘中聚合了很多沙具，工作结束时小宝没有毁坏掉沙盘中的创作。

咨询师视角（第十二盘）

第十二次工作中，B 小宝独自进入沙盘室，他手里拿着一个纸飞机，说是自己叠的，之后将飞机放入沙盘，把沙撒在飞机上，重复两次之后，将飞机放在旁边。小宝拿了颜色鲜艳的蛇和尖尖的海螺放入沙盘，埋藏之后再挖出来，放回沙具架。

随后小宝用手腕手臂的不同部位接触沙子，像打太极一样将整个沙盘里的沙子拂动起来。他身体运动幅度很大，双手不停拨弄沙子，手臂全部入沙，像在沙里游泳一样，这样持续玩了近 30 分钟。之后小宝找到一个蓝色彩笔，在茶杯中将颜色晕开，再倒入水桶，水桶里的水也变蓝了，之后又找了黑色笔，将颜色晕入茶杯，再将水倒入水桶中。

这次工作中，小宝玩得自由奔放，甚至感受不到咨询师的存在。结束时和咨询师确认还有两次咨询，并告知咨询师再做两次是他自己的决定。

咨询师视角（第十三盘）

加油站

彩笔、小刀、容器等

第十三次工作中，B 小宝用小耙子在沙盘四个边缘扒出四条路来，并且反复仔细地扒平，在沙盘中心堆起沙堆，用手轻盈地拍打。之后找到加油站，放在沙堆上，分别拿了消防车、坦克、自行车在路上通行，三种车都去加油站加过油。一旦路面上的沙子弄乱，小宝就会重新扒平道路，把路上清理出来的沙子，很温柔很仔细地放在沙堆上，沙堆的四方形边缘也被很细致地抚平。

玩沙大约半小时后，小宝像上次一样，把彩笔里的颜色融入水桶。因为彩笔颜色变淡，小宝在塑料盆边缘用力敲打彩笔，这样可以把笔里的墨水不断甩出来，但甩出来的墨水会溅到地板上，也会溅到两个人身上和衣服上。这样重复很多次之后，咨询师指出小宝手臂腿上都有墨点，问他能接受吗？小宝说自己能接受，但担心妈妈不能接受。咨询师也表示自己能接受，但担心地板管理人员不能接受，于是两人商量工作结束后去洗。

这次工作结束时，小宝称不想结束整个工作，还想再来见咨询师。咨询师说不见面的话，可以记得咨询师的样子，小宝说自己会忘记咨询师，但可以记住小刀的样子。小宝主动表达了想念，对关系的延续，也用“小刀”做了不同于咨询师的表达，人与人之间的友善正在以小宝自己的方式，内化在他的心里。

咨询师视角（第十四盘）

生日蛋糕

结束后小宝再次整理的盘

第十四次工作，B小宝找了一个小小的瓷茶壶，用彩笔在里面搅动，之后不断用小茶壶里的墨水涂抹双臂，涂完一遍后用桶里的水清洗，洗干净后再去涂抹，反复做了三遍后，小宝用纸巾擦干手去玩沙子了。

小宝用沙子把整个手臂覆盖住，手隆起时沙子会从袖口处倒灌进衣服。之后小宝把恐龙放在沙堆中间的坑里埋起来，说大风暴埋住了恐龙。咨询师问恐龙似乎遇到了困难，它如何应对？小宝说它可以用尾巴拨沙子，可以自己出来，也可以让飞机帮忙，但沙子也会覆盖飞机，飞机也需要被帮助。小宝将沙子分别撒在飞机和恐龙上，重复着掩埋与被救的过程。

之后小宝拿了筛子，放进沙子做成蛋糕，多次细致地整理外形，让蛋糕变得更好看，又拿了花束插在上面。这时工作时间到了，小宝说因为分离自己很悲伤，说永远也忘不了咨询师，一会儿要和咨询师拍个照片。咨询师请小宝坐在咨询师的座位上，看看沙盘中的蛋糕，小宝看了之后，拿了他喜欢的小花，放在蛋糕上花束的根部。请爸爸进来拍照时，小宝用耙子将蛋糕四周整理成田野。

最后一次工作中，小宝做了三件事情，一个是用沙子和墨水洗浴自己的手臂，另一个是完成了恐龙和飞机的受难与解救过程，还有一个是制作了精美的生日蛋糕。个体内在心灵有着自我疗愈的潜能，从象征意义上解读小宝的行为，他刚刚走过一段自我洗涤、自我解救和自我重生的旅程。生活中依旧可能遭遇暴风雨，小宝依旧可能陷入困境，但他会永远记住这段旅程，因为它的来处正是小宝自己的内在心灵。

画出一条“路”

在心理咨询临床工作中，我们需要借助于象征表达进行内在探索，梦、沙盘游戏、绘画、音乐与舞蹈是象征表达的主要形式，其中绘画因为对材料与环境的要求比较简单，来访者也比较容易接受，所以在咨询中具有更多的应用机会。

日本心理分析师山中康裕，在《表达性心理治疗》中提及了四种绘画方法，分别是源于埃米尔的树木人格测试、南伯格的涂鸦法、温尼科特的交替画线条法，以及其独创的交替描绘编故事法。下面将对其中三种方法进行作品呈现并做简单说明（涂鸦法没有实践作品）。此外，还补充了一个来访者自发表达其特定状态的绘画方式及其作品。在呈现这些作品的同时，下文也会讨论绘画在咨询中如何促进非语言沟通，如何另辟蹊径深入心灵。

鉴于呈现的不同来访者的画幅数量不同，依据画作进行分析的深入程度不同，下文将先呈现单幅画作，再呈现系列画作，顺序如下：

树木人格测试（1 幅）

特定状态的自发表达（3 幅）——来自 2 位来访者

交替描绘编故事法（1 幅）

交替画线条法（12 幅）

树木人格测试

这幅图的主人是一位大三女生，因为在宿舍人际关系中感受到强烈排斥前来咨询，咨询过程中咨询师判断人际关系问题很大程度源于来访者性格特点，但直接展开这个话题具有一定的风险，似乎直接将责任简单地归因于此，容易激起来访者强烈的情绪反应，因此咨询师建议来访者画“一棵树”，之后咨访双方一起展开对所画之树的观察。

一棵树

树木人格图有明确的主题要求，往往也是在咨询师的明确建议之下完成，因此主要功能是一个基于投射的人格测验。咨询师在这个个案中使用树木人格图的目的主要有两个：一个是利用画面呈现信息对面谈中的判断进行印证和补充，另一个是以象征的方式和来访者一起触及其性格话题。

这两个目的都比较容易达到，比如来访者的构图很明显地偏移在左侧，这与咨询师面谈中以下感受相吻合：来访者沉溺于过往情感体验，或者很难从某种情绪中转移。来访者在完成图画之后也观察到其构图特点，结合这一观察对其性格特点展开讨论的过程较为自然轻松。作画过程中，来访者逐渐放松，慢慢专注于作画，也呈现出不同于语言交流的情绪状态，这也是从一种情绪转向另一种情绪的直接体验。

特定状态的自发表达

这幅图是一位高中生来访者在自己家中完成，带来送给咨询师的礼物。实际上这是一个篆刻作品拓印在纸上的，作品完成所需精力远超过绘画。

正面

反面

上面两幅图是6岁来访者在咨询中主动提出想画一幅画送给咨询师，是一张纸的正反两面，他先在正面画了左侧这幅图送给咨询师，说上面的漂亮女性就是咨询师，之后又在背面画了右侧这幅画，那是一盒很小很小的房子和简单随意的心形图案等。正反两面在色彩、构图、内容等方面都形成了鲜明的对比。

这两位来访者的作品都是自发完成，都是送给咨询师的礼物，是很直接的对咨询师的情感表达，也是其人际关系模式及变化的呈现。高中生女孩在生活中和母亲行为冲突激烈，内在爱恨交织，情感浓烈且冲突，送给咨询师的礼物表面上只是很轻松的礼节式的表达，但是很吻合当时在咨询中咨询师和她之间发生的接纳，也类似于她和母亲之间的浓烈的隐匿的爱的情感。6岁的小男孩和母亲之间的关系恰恰相反，他在生活中对母亲极尽赞美，就像左侧画中美丽的女性（他的妈妈是一位特别爱美的女性），但内在对母亲的不满从无表达的机会，画虽然是送给咨询师的，但从中也可以看到小男孩与妈妈关系的两面性，同时也表明咨询中小男孩能感受到与咨询师的关系已经比较安全，安全到可以表达一些负面情感了。

这两位来访者的画都是将自己体验到的某种状态通过绘画表达出来，都是自发的，也都只有一次画作。某些时刻来访者体验到某种感受，那些感受或者很难表达清楚，或者很难采用语言这种形式，或者来访者自己也不知道是什么，但这些感受切实存在且力量巨大，绘画就成为表达这些感受的自然而然的载体。

交替描绘编故事法

下面呈现的这幅画，是采用山中康裕老师独创的交替描绘编故事法完成的。画者是一位49岁的男性，基于对心理学的兴趣，想听听咨询师从心理学角度对自己目前状态的解读。画者与咨询师的关系是朋友，因此所进行的活动并不是严格意义上的心理咨询。

朋友刚换了工作岗位，在新的岗位上出现一些人际关系冲突，不过他并不认为这些冲突难以承受。当时朋友提出希望听到咨询师的看法，咨询师既不想直接做出语言层面的表述，也不想拒绝朋友想法中所包含的探索自我的愿望，所以提议画画，将交替描绘编故事法的规则作了简单介绍之后开始画画。

交替描绘编故事法在一张纸上完成，由画者用三到四个线条分割出区域，由咨访双方交替在区域中首先起笔画出线条，另一个人将线条补充完成为某一意象并命名，最后由来访者将出现的所有命名连接成一段话。

我们可以看到，线条分割出的特定区域带有一定限制感，意象表达是基于另一方提供的特定线索，命名意象后形成故事是在做语言层面的表达。这种绘画方法意识与无意识地表达比较均衡，绘画双方的参与度也比较均衡。在咨询中既可以作为辅助手段单次使用，也可以作为主要手段进行系列创作。

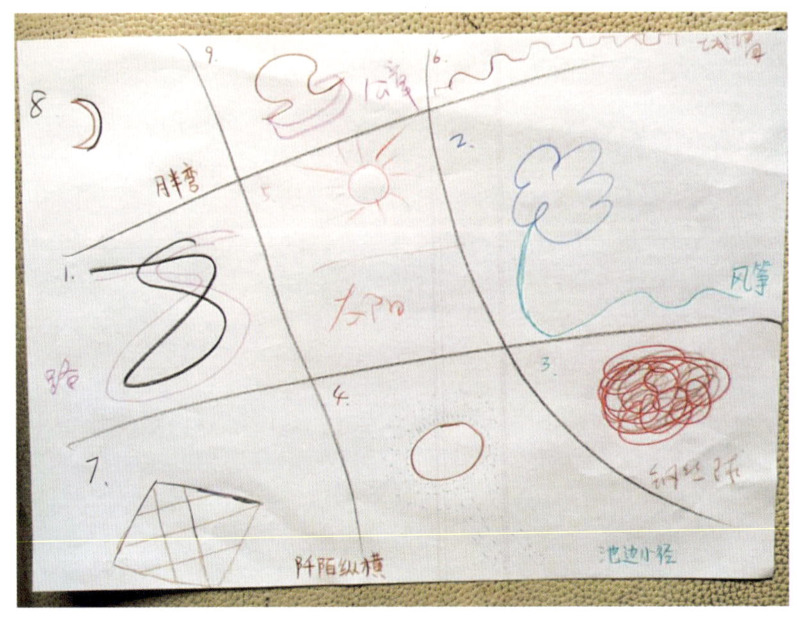

来访者（49 岁）绘图

图中每个区域标有数字，是作画的顺序，第一区域由咨询师起笔示范，其中深色线条为咨询师所画，朋友用浅色线条补充完成后命名为“路”，第二区域由朋友起笔，画出封闭图形，咨询师补充曲线命名为“风筝”，其他区域不再一一叙述。

最后朋友的文字描述如下：“在城墙内工作和生活，太阳出来后在阡陌纵横的田间晒天阳、放风筝，在池边小径上观鱼赏花、饮酒作诗，也因公务繁忙，急急赶路，递文件盖公章下指令。夜晚月半弯升起，吃过晚饭，看会儿书籍，再用钢丝球洗洗碗筷，休闲放松一下。”在这段描述中我们似乎看不到画者之前提到的人际关系冲突，反而有一种内在发展任务与外在发展任务齐头并进所带来的新体验。

有线索的意象表达、词语连接的认知表达、自由作画的轻松、区域分割的限定，在这里既构成了稳定安全的承载空间，又涵容了来自无意识和有意识的多层次内容，非常符合山中康裕提出的“闭关成型论”。

交替画线条法

以下有 12 幅作品，来自一位 9 岁男孩，在一次咨询中完成，用时 50 分钟。男孩日常生活中多次经历母亲暴怒，他一般会表现出若无其事的样子。在这次咨询中男孩提到刚刚又经历一次母亲强烈的愤怒，咨询师认为这是一次比较好的机会，可以用绘画的方式让男孩更多地了解自己，于是提议做绘画游戏，使用的是温尼科特的交替画线条法。

同样是交替起笔划出一些线条由对方完成作品，但与山中康裕的方法不同，画是分别在不同的纸片上完成（这里使用的是四分之一的 A4 纸）；最后完成的作品并不进行命名，无论谁先起笔都由来访者来谈谈他的感受；咨询师在作画过程中会根据来访者的问题呈现引导性线索，也做一些语言的诠释。

来访者（9 岁）绘图 1

咨询师先画出两条波纹线和之上的半圆，男孩将它补充为一条正在喷水的鲸鱼。咨询师意识到力量的喷发是他正在关注的问题。

来访者（9 岁）绘图 2

男孩画了一个小人，正在拿着一桶油漆，准备去刷左边的墙。咨询师在这里没有补笔，而是询问他对红色油漆有什么感受？他说很厉害也很漂亮，像火一样。咨询师询问你妈妈发火的时候像什么颜色？他说像绿色的僵尸，很可怕。

来访者（9岁）绘图3

咨询师起笔有意选择了三种绿色笔，画出了上面缠绕在一起的线条。男孩补充了下面的四个线条，说这是大海，上面波浪很大，越往下面越平静。咨询师感觉孩子可以预期母亲情绪的平复。

来访者（9岁）绘图4

孩子先起笔画了图中的蓝色部分，强调了右侧部分。咨询师补充了四五条黑色的线段，做出从右侧喷发出来的气体状态。孩子也用黑色笔在咨询师的线段上下方位画出很多线段。解释说蓝色部分是一块橡皮，对面吹来很大的风，橡皮只想待着不动，但风会把橡皮吹得往后动一动。

来访者（9 岁）绘图 5

咨询师起笔画了一个螺旋图案，内心有意呈现风的席卷状态，孩子补笔画出了蜗牛，并且在下面添上地平线，告诉咨询师添上这条线就可以看到蜗牛是在前进。

来访者（9 岁）绘图 6

孩子起笔画了一所房子和竖线上的三角形，在三角形上写上 520。咨询师在房子下面、竖线下面分别加了两条横线，说这是一条路，三角形是站牌，上面的 520 好像是“我爱你”。孩子又用同色笔添了公共汽车，并且说公共汽车是透明的，这样就可以看到自己的家（房子），也在公共汽车上写上 520。

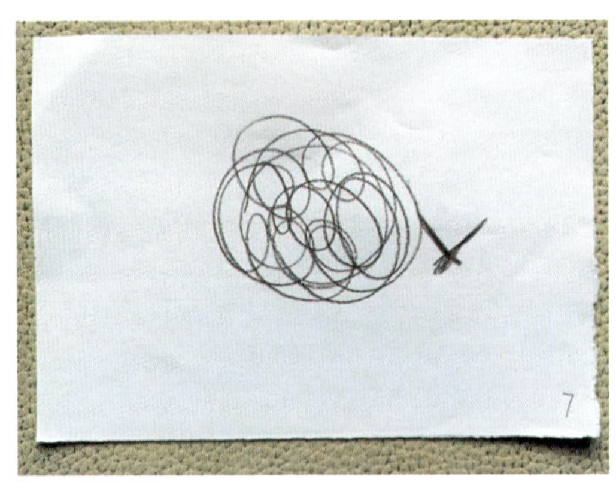

来访者（9 岁）绘图 7

咨询师起笔画了缠绕在一起的线条，内心感觉到男孩有力量处理这繁杂的状态。男孩补充了一个线头，并在线头处补充了一根针。解释说这根针可以将线团整理好，并且可以编制出能用的东西。

来访者（9 岁）绘图 8

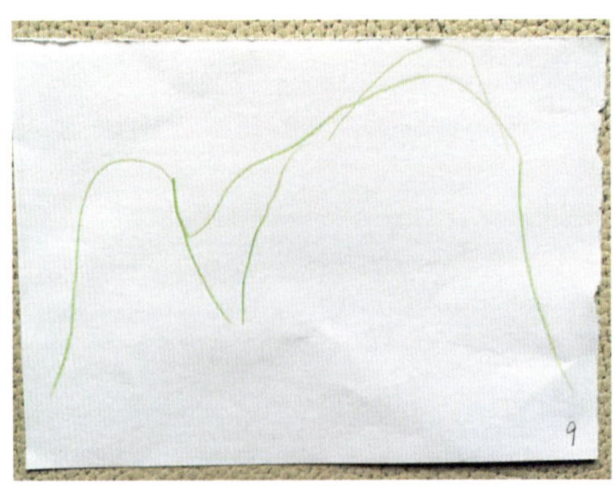

来访者（9 岁）绘图 9

原来只打算画八张纸，因此男孩画的时候这是最后一张。男孩画了图上所有的部分，咨询师没有任何补充。他说自己站在大街上，背后是车水马龙，但自己不想去看，自己面前是三个垃圾桶和一个垃圾袋，自己就像垃圾一样。

咨询师提议我们再画四张好不好？男孩很愿意。咨询师起笔画了图上的波折线。男孩将中间的低洼处向下深入，将右边的高处向上修改，说这是最高峰和最低谷，并且说出它们的具体名称。（珠穆朗玛峰与雅鲁藏布江起源的谷底）

来访者（9 岁）绘图 10

男孩起笔画了长方形以及其中的三个人（父母与小孩很亲密）。咨询师补充了左下方的像梯子也像小路的部分。男孩说：你没看到这是相框吗？咨询师说以为是个院落，感觉大家需要能自由出入的路，就画了一条小路。孩子说：没关系，挺好的，谢谢你给我画了一条路。

来访者（9 岁）绘图 11

咨询师起笔画了小草和地平线，孩子画了一棵大树。他说：大树很有力量，小草也很有力量，而且这么多小草在一起，他们一起长大，比大树还有力量。

来访者（9岁）绘图12

图上的内容全部是男孩所画。他说：这是红海滩，太阳光照在大海上，大海将太阳光反射在山峰上，山峰顶上有镜子过滤了其他颜色之后，将红色又反射回到沙滩上，沙滩就是红色了。水面下的沙子是黄色的，大海深处的沙子是白色的。

至此12幅图以及作图过程全部呈现，咨询师几乎一直围绕着男孩的感受做工作，尤其是围绕着男孩在母亲暴怒之下的感受做工作。男孩当时的情绪状态就像第一幅画中呈现的“鲸鱼喷水”，男孩惯有的处理方式是“粉刷”或“擦除”自己的情绪，在这个工作过程中咨询师有引导有诠释，男孩也呈现出更为丰富的情绪表达，比如“520”“垃圾桶”等。男孩的感受方式也极具层次，比如“高峰低谷”“光的多次折射”等。

温尼科特强调这种绘画方式，一般只用于1～3次短程问题解决。温尼科特与山中康裕的绘画方法，在对来访者的干预程度上表现出非常大的不同。山中康裕没有特意强调咨询师的引导，反而希望双方自由表达且彼此呼应。温尼科特的交替画线条法中，咨询师的引导与诠释则非常清晰。

绘画这一表达性治疗形式是深入人类心灵的一条“路”，来访者具有用绘画进行表达的自发需求。咨询师有意运用绘画进行咨询或分析时，不同的理论基础会使具体实践方式有所不同，树木人格图更倾向于测评，交替画线条法注重对核心问题的快速切入，交替描绘编故事法则充满意识与无意识地相互交融。

家庭小组绘画

以下是9个人组成的一个“绘画与故事”活动小组，小组活动中的主题随机设定，小组成员只根据主题完成绘画和故事，不对作品进行评价和讨论。每周活动一次，本周内完成即可。九位小组成员分属于三个小家庭，即一对父母和一个成年子女。三个小家庭属于一个大家庭，因为三个小家庭中都有一位家长，彼此之间是兄弟姐妹的关系。

家庭本来就是一个自然形成的小组，家庭成员在具体事务中既有合作也有冲突。在具体事务之外，在“绘画与故事”活动小组内，以绘画或讲故事的方式呈现自己以及自己的变化，使这些家庭成员之间多了一种分享方式。小组活动开始时，九位成员以“树”为主题画了一幅画，活动进行一年后，九位成员画了同样的主题，以下将呈现每个人的前后两幅画。

以上为同一个人的作品

以上为同一个人的作品

以上为同一个人的作品

以上为同一个人的作品

以上为同一个人的作品

以上为同一个人的作品

以上为同一个人的作品

以上为同一个人的作品

以上为同一个人的作品

对这个家庭小组的所有作品，这里不进行分析与讨论，这些作品很直观地呈现了个体的差异性、稳定性与发展性，对此有所觉察将能够促进人际之间的接纳与交流。

参考文献

[1] 荣格 . 荣格自传［M］. 刘国彬，杨德友，译 . 上海：上海三联书店有限公司，2009.

[2] Dora M. K. 沙游——通往灵性的心理治疗取向［M］. 黄宗坚，朱惠英，译 . 台北：五南图书出版股份有限公司，2007.

[3] 申荷永 . 心理分析：理解与体验［M］. 上海：生活 · 读书 · 新知三联书店，2004.

[4] 荣格 . 分析心理学的理论与实践［M］. 成穷，王作虹，译 . 北京：北京联合出版公司，2013.

[5] 荣格 . 红书［M］. 林子钧，张涛，译 . 北京：中信出版社，2016.

[6] 申荷永，高岚 . 荣格与中国文化［M］. 北京：首都师范大学出版社，2018.

[7] 荣格 . 分析心理学与梦的诠释［M］. 杨梦茹，译 . 上海：上海三联书店，2009.

[8] 布莱德威，麦克寇德 . 沙游：非语言的心灵疗法［M］. 曾仁美，等，译 . 南京：江苏教育出版社，2010.

[9] 茹思 · 安曼 . 沙盘游戏中的治愈与转化：创造过程的呈现［M］. 潘燕华，等，译 . 广州：广东高等教育出版社，2006.

[10] 斯坦因 . 变形：自性的显现［M］. 喻阳，译 . 北京：中国社会科学出版社，2003.

[11] 史蒂文斯 . 简析荣格［M］. 杨韶刚，译 . 北京：外语教学与研究出版社，2015.

[12] 山中康裕 . 表达性心理治疗：徘徊于心灵和精神之间［M］. 穆旭明，译 . 北京：中国人民大学出版社，2018.

[13] 申荷永，高岚 . 沙盘游戏：理论与实践［M］. 广州：广东高等教育出版社，2004.

[14] 申荷永 . 荣格与分析心理学［M］. 广州：广东高等教育出版社，2004.

[15] 荣格 . 荣格的性格哲学［M］. 唐译，译 . 长春：吉林出版集团有限责任公司，2013.

[16] 西耶哥 . 汉斯 · 柯赫与自体心理学［M］. 叶宇记，译 . 台北：远流出版事业股份有限公司，2005.

[17] 泰萨 · 巴拉顿 . 母婴关系创伤疗愈［M］. 瞿伟，高旭滨，译 . 北京：世界图书出版公司北京公司，2014.

[18] 苏珊 · 诺伦 . 变态心理学［M］. 邹丹，等，译 . 北京：人民邮电出版社，2017.

[19] 严文华 . 心理画外音［M］. 上海：上海画报出版社，2003.

[20] 吉沅洪 . 树木——人格投射测试［M］. 重庆：重庆出版社，2007.

[21] 童俊 . 人格障碍的心理咨询与治疗［M］. 北京：北京大学医学出版社，2008.

[22] 约翰 · 鲍尔比 . 依恋三部曲 · 第一卷依恋［M］. 汪智艳，王婷婷，译 . 北京：世界图书出版有限公司北京分公司，2017.

[23] 约翰 · 鲍尔比 . 依恋三部曲 · 第二卷分离［M］. 万巨玲，等，译 . 北京：世界图书出版有限公司北京分公司，2017.

[24] 约翰 · 鲍尔比 . 依恋三部曲 · 第三卷丧失［M］. 付琳，等，译 . 北京：世界图书出版有限公司北京分公司，2018.

[25] 怀特，韦纳 . 自体心理学的理论与实践［M］. 吉莉，译 . 北京：中国轻工业出版社，2013.

[26] 海因茨 · 科胡特 . 自体的分析：一种系统化处理自恋人格障碍的精神分析治疗［M］. 刘慧卿，林明雄，译 . 北京：世界图书出版公司北京公司，2012.

[27] 海因茨 · 科胡特 . 自体的重建［M］. 许豪冲，译 . 北京：世界图书出版公司北京公司，2013.

[28] 唐纳德 · W. 温尼科特 . 涂鸦与梦境——儿童精神病学中的治疗性咨询［M］. 李真，苏瑞锐，译 . 北京：北京师范大学出版社，2016.

[29] 赛明顿 . 自恋：一个新理论［M］. 吴艳茹，译 . 北京：中国轻工业出版社，2016.

[30] 温尼科特 . 婴儿与母亲［M］. 卢林，张宜宏，译 . 北京：北京大学医学出版社，2016.

[31] 温尼科特．游戏与现实［M］．卢林，汤海鹏，译．北京：北京大学医学出版社，2016.
[32] 温尼科特．家庭与个体发展［M］．卢林，等，译．北京：北京大学医学出版社，2016.
[33] 温尼科特．人类本性［M］．卢林，等，译．北京：北京大学医学出版社，2016.
[34] 盖伊．弗洛伊德传［M］．龚卓军，等，译．上海：商务印书馆，2015.
[35] 弗洛伊德．释梦［M］．车文博，主编．长春：长春出版社，2004.
[36] 弗洛伊德．精神分析引论［M］．彭舜，译．西安：陕西人民出版社，1999.
[37] 克莱尔．现代精神分析“圣经”：客体关系与自体心理学［M］．贾晓明，苏晓波，译．北京：中国轻工业出版社，2002.
[38] 杰佛瑞·芮夫．荣格与炼金术［M］．廖世德，译．长沙：湖南人民出版社，2012.
[39] 麦克威廉斯．精神分析案例解析［M］．钟慧，等，译．北京：中国轻工业出版社，2015.
[40] 荣格．荣格文集［M］．高岚，主编．长春：长春出版社，2014.
[41] 荣格．移情心理学［M］．李孟潮，闻锦玉，译．南京：译林出版社，2019.
[42] 荣格．移情心理学［M］．梅圣洁，译．北京：世界图书出版公司北京公司，2014.
[43] 郭秀艳，杨治良．基础实验心理学［M］．北京：高等教育出版社，2011.
[44] 邓铸．应用实验心理学［M］．上海：上海教育出版社，2006.
[45] 张敏强．教育与心理统计学［M］．北京：人民教育出版社，2010.
[46] 卡尔·古斯塔夫·荣格．荣格文集（典藏版）［M］．谢晓健，等，译．北京：国际文化出版公司，2018.
[47] 邹金利，等．学前心理学［M］．北京：首都师范大学出版社，2018.
[48] 吕旭亚．公主走进黑森林：用荣格的观点探索童话世界［M］．北京：北京联合出版公司，2018.
[49] 哈克．改变心理学的40项研究：探索心理学研究的历史［M］．白学军，等，译．北京：中国轻工业出版社，2004.
[50] 莎莉．学前儿童心理发展［M］．北京：清华大学出版社，2014.
[51] 麦克威廉斯．精神分析诊断：理解人格结构［M］．鲁小华，等，译．北京：中国轻工业出版社，2015.

［52］麦克威廉斯 . 精神分析治疗：实践指导［M］. 曹晓鸥，等，译 . 北京：中国轻工业出版社，2015.

［53］朱滢 . 实验心理学（第三版）［M］. 北京：北京大学出版社，2014.

［54］汪向东，等 . 心理卫生评定量表手册（增订版）［M］. 北京：中国心理卫生杂志社，1999.

［55］荣格 . 心理类型［M］. 吴康，译 . 上海：上海三联书店，2009.

［56］李光地 . 周易折中［M］. 北京：九州出版社，2002.

附
校园欺凌现象预防与文明校园建设研究

一、校园欺凌现象的研究现状及其政策依据

20世纪70年代，国外校园欺凌事件频繁发生，20世纪80年代末成为国际心理学研究热点问题。我国关于校园欺凌事件的报道也屡见不鲜，2016年政府颁布《关于开展校园欺凌专项治理的通知》和《教育部等九部门关于防治中小学生欺凌和暴力的指导意见》，校园欺凌成为学术研究和社会各界的关注焦点。

欺凌行为是指强势个体对弱势个体持续施行的故意的攻击性行为，欺凌行为有三个显著特点，即行为的故意性、行为的重复性和行为双方力量的不均衡性。校园欺凌行为的研究主要集中在三个方面：一是界定校园欺凌行为并进行调查研究。我国学者刘霞调查发现中学生精神欺凌检出率为59%，躯体欺凌检出率为35.7%。二是对校园欺凌行为影响因素进行关系研究，大量研究试图确定增加学生卷入校园欺凌风险的因素，已经探明的影响因素主要包括个体因素、经历因素、环境因素、临床因素。三是研究对校园欺凌如何实施环境防护和进行心理层面的干预。

如何对校园欺凌实施防护与进行干预，是所有相关研究的最终落脚点。国外对校园欺凌的环境防护分为社会、学校、家庭三个层面，对校园欺凌的三级心理干预在学校进行：初级预防是对全体学生的心理健康教育，二级预防是对具有暴力倾向学生的心理辅导，三级干预是对卷入欺凌事件者的心理辅导。国外欺凌防护与干预研究近年呈现对象低龄化和特定化特点。就校园欺凌的环境防护而言，我国政府2016年颁布《关于开展校园欺凌专项治理的通知》和《教育部等九部门关于防治中小学生欺凌和暴力的指导意见》，根据部署各省进行了多部门综合治理。

在专项治理活动中，全国范围内的相关研究可分为三类，一是教育、司法、社工等领域对欺凌现象的思考，二是心理、教育、新闻等领域对欺凌现象及影响因素的调查，三是对多部门综合治理的总结。就针对校园欺凌的心理干预而言，研究还非常薄弱。研究者设计了以社会学习理论、归因理论、发展理论等理论为依据的小组干预方案，其中只有认知行为疗法得到实证研究的支持，而其他干预的效果则有待继续验证。另外，这些干预研究主要是使用实验组与对照组进行的小组实验研究，干预效果主要是针对经选择入组的特定的被试群体（欺凌者或者被欺凌者），较少学校层面、班级层面或者自然形成的小团体层面干预方案。此外干预研究几乎都集中在中学阶段，对小学阶段关注很少，这也意味着研究集中在已经发生的欺凌行为上，而对欺凌行为的预防性干预则很少涉及。

二、本研究的理论依据和基本观点

欺凌行为是指强势个体对弱势个体持续施行的故意的攻击性行为。攻击性行为的理论大体上可分为四大类别，即本能论、动机论、社会学习论、认知理论。

经典精神分析学派和习性学都坚持攻击的本能论。弗洛伊德认为，人有先天的死亡倾向，人类的攻击本能在生命的早期就有所表现。他把人类的暴力、凶残等各种攻击行为归结为个体内部天生的攻击能量向外宣泄的结果。洛伦资是习性学的代表人物，他认为动物和人类都有一种争斗本能，这种天生的行动倾向是有机体延续生存的关键所在。争斗本能的能量如果不能通过多种行为耗散，势必积聚起来，甚至在适当刺激未出现时也会表现出来。动机论把挫折视为攻击行为的动机，认为挫折可以激发起各种反应，其中之一是攻击行为。社会学习理论关于攻击行为的观点主要包括两个方面，即攻击行为的起因和攻击行为的习得。班杜拉坚持认为，并非挫折导致了攻击，而是令人反感的情绪体验导致了情绪唤醒，情绪唤醒是诱发攻击行为的因素之一。对于攻击行为的习得，班杜拉认为，大多数攻击行为都是通过有意或无意的观察而获得的。攻击的认知理论强调认知对攻击行为的调节作用，认为作出攻击反应的整个过程包括对输入信息的编码、寻找针对信息的解释、寻找反应过程、决定反应过程、执行自己选择的反应。

就具体的欺凌行为而言，影响因素是多方面的：人类攻击的本能、社会文化背景、家庭教养方式、学校环境影响、个体心理倾向等。传媒或游戏中的暴力渲染是导致欺凌行为增强的一个重要因素；缺乏温暖的家庭、不良的家庭管教方式以及对儿童缺乏明确的行为指导和活动监督都可能造成儿童以后的欺凌行为；欺凌发生率因学校不同而存在很大差异，研究者认为学校是否有反欺凌的政策，不同的学校准则和学校风气也不同程度地影响着学生的欺凌发生情况；欺凌行为作为群体现象的话，个体会因为多人参与而降低自己的责任感和负罪感，甚至会认为被欺凌者“应该”受到攻击；在个体心理倾向方面，欺凌者情绪的不稳定性较高，行为缺乏“理智性”，表现出“动作化”人格，其通常持有与社会规范相悖的价值观，而自尊较低、缺乏自信、无助感是受欺凌者的显著特征，虽然受欺凌者未必具有欺凌者所表现的社会认知偏差，但在气质和情绪方面也表现出某些共同的缺陷。

校园欺凌行为是学生之间及学生与家庭、社会环境之间互动的“产品”。欺凌行为在某种意义上是一个连续体，它是父母不适当的教养行为在儿童身上的延续。家庭中的暴力行为可能会使儿童成为受欺凌者，但也可能使儿童模仿暴力行为，在学校成为欺凌者。欺凌行为的发生也是欺凌者和受欺凌者人格互动的结果，而行为双方某些消极的人格倾向也可能在此互动中得到加强。受欺凌者的焦虑、被动、软弱、不成熟和较强的依赖性都可能成为欺凌行为的促动因素，而对控制他人的较高期望、社会认知的偏差、对欺凌的认同和肯定、冲动性或情绪性及其力量上的优势感又可能推动欺凌者选择那些软弱可欺的儿童作为欺凌对象。在遇到挫折（如受到家长或老师的批评）而又不能直接指向目标时，欺凌者的攻击倾向极易转置到并不危险的受欺凌者身上，使之成为“替罪羊”。任何形式的欺凌行为都在一定的情境下发生，那些具有“激活性”的环境更容易促成欺凌的发生，成为特定的“欺凌情境”。学校是学生欺凌和受欺凌问题发生的主要场所，操场和教室里发生的欺凌最多，而走廊和学校的其他地方发生相对较少。显然在学生经常活动和游戏的场所，欺凌更容易发生，因为在这些地方产生人际冲突的可能性大幅增加，特定的个体特征更可能“激活”某种欺凌行为，进而使这些客观的环境成为现实的“欺凌情境”。

本研究针对目前校园欺凌心理干预实证研究比较薄弱、预防性研究不足、缺乏较为详细的干预方案等现状，选择小学生为研究对象，希望设计出针对小学生的预防校园欺凌的多种心理干预方案，希望从学校、班级、团体、个体多个层面实施干预，并在此基础上构建文明校园。研究实践是基于以下几个基本观点展开的：

1. 欺凌行为与人的心理因素密切相关。欺凌者与易受欺凌者往往存在着某种心理缺陷，有针对性的心理辅导将有利于防止学生卷入欺凌行为。

2. 校本干预是最有效的方式。影响校园欺凌的环境因素中学校是最具干预可能性的一个因素，九年义务制教育制度以及各级教育工作者是最大的干预资源。

3. “圣人不治已病治未病，不治已乱而治未乱。”进行预防性心理辅导，利于学生形成拥有较高心理健康水平以及习得非暴力沟通方式。

4. 影响欺凌行为的经历因素中，个体早期经历最为重要。目前在我国介入家庭进行干预很难实现，幼儿园教育模式又呈现出较大差异，因此小学阶段是预防性干预的最佳时段。

5. 中国文化是长效干预的基础。“隐恶扬善，执两用中”的精神中蕴藏着行为智慧，在借鉴西方心理干预理论时，中国传统思想指导下的干预元素也体现在非言语干预方案中。

三、本研究的实践过程与反思

反欺凌活动首先应该致力于社会大环境的重视与文明校园环境的建设，社会对欺凌行为的零容忍态度以及校园里明确清楚的反欺凌规章，可以增加欺凌行为所得到的消极反馈，削弱其可能得到的“社会鼓励”（如同伴中的强势地位）。《关于开展校园欺凌专项治理的通知》和《教育部等九部门关于防治中小学生欺凌和暴力的指导意见》颁布以来，各中小学均组织进行了“反欺凌”校园活动，因此本研究在这样一个大背景之下，采用的干预方案不涉及社会环境、学校、家庭层面的内容，只涉及班级、小团体、个体三个层面的具体干预措施。

研究分两个阶段分别在两个学期内完成。第一阶段（研究一）在 3 ～ 5 月进行，第二阶段（研究二）在 10 ～ 12 月进行，两个阶段中的具体干预措施均持续十周。研究一是针对小学高年级学生进行的欺负行为干预，研究二是针对小学低年级学生进行的非言语的小组游戏活动。

研究一

（一）测评工具及被试选择

对欺凌行为进行评定是对欺凌行为进行干预的前提。问卷法是欺凌研究中运用最普遍的方法之一，其中匿名的自我报告被作为有效而方便易行的欺凌调查方法广泛运用，尽管它不能对欺凌 / 受欺凌发生的内在机制进行考察，但却能在短时间内获得儿童群体中存在的欺凌 / 受欺凌的总体信息，匿名的自我报告还能在一定程度上有效降低社会期许效应。因此，研究小学生群体的欺凌行为，匿名问卷法仍然是一种切实可行的方法，其不足之处使我们不能确定具体的欺凌者和被欺凌者。作为补充，同伴提名法和教师评定法可以帮助我们筛选出那些表现出明显欺凌和受欺凌行为特征的儿童，以便更好地、有针对性地进行干预。本研究中采用匿名问卷（Olweus 欺凌问卷中文修订版）、同伴提名法、教师报告法相结合来获得有关信息与数据。

本研究在总体上采用控制组前后测设计，随机选取五年级两个班级的学生为被试进行干预，采取干预措施的班级为实验班，不采取干预措施的平行班为对照班。实验班和对照班均进行前测和后测。测试问卷运用张文新教授修订的Olweus儿童欺负问卷，考察儿童在上学期欺负他人和受欺负的情况。该问卷内部一致性信度在0.59～0.78，分半信度在0.56～0.79，重测信度在0.64～0.77。使用该问卷进行前后测，以考察干预的效果。

（二）干预方案

干预涉及影响欺凌行为的外部因素和内部因素，在班级水平、小团体水平和个体水平三个层次进行。干预者即本研究的实验人员，是具有心理健康活动组织和个体心理咨询经验的心理工作者，干预者参与并主导三个层次的干预。

班级水平上的干预包括增加教师对欺凌行为的了解，使他们重视和正确处理儿童之间发生的欺凌事件；进行每周一次（持续十周）的班会活动，第一次进行欺凌现象讨论、反欺凌班规制定，之后的活动内容包括一系列提高自信、识别情绪、冲突应对等主题班会。

小团体水平上的干预是运用教师提名和同伴提名，确定1～2名受欺凌者，根据其身处欺凌情景时在场成员的不同表现，建立一个支持团体，团体由4～6名儿童组成，包括欺凌者、旁观者和支持者。支持团体中，由于团体成员成分的不同质性，他们不知道被选中的原因，只是被告知这个团体可以在某位同学（受欺凌者）遇到困难时提出帮助建议，要求成员每周向干预者聊一聊被帮助者的进展，把进展归功于他们的建议和帮助，团体小组持续四周时间。

个体水平上的干预根据教师提名和同伴提名确定1～2名严重欺凌者，对其内在困扰提供一对一的心理帮助。

（三）研究结果

1. 欺凌 / 受欺凌者的比率

“从开学到现在你在学校受过欺凌吗”问题上得分在4以上的划分为受欺凌者，实验班受欺凌者比率为21.7%，“从开学到现在你在学校欺凌过别人吗”问题得分在4以上的划分为欺凌者，实验班欺凌者比率为10.9%，张文新研究表明，在我国中小学生受欺凌者和欺凌者所占的比例分别是22.2%和6.8%。本研究被试中受欺凌者比率与张文新的研究不存在显著差异（$x2=0.002$，$p>0.05$），欺凌者比率与张文新的研究也不存在显著差异（$x2=2.783$，$p>0.05$）。

2. 实验班欺凌 / 受欺凌者比率及程度进行干预前后显著性检验

实验班受欺凌者比率前测为21.7%，后测为10.9%，欺凌者比率前测为10.9%，后测为4.3%。对照班受欺凌者比率前测为22.2%，后测为20%，欺凌者比率前测为11.1%，后测为8.8%。可以看到前测中实验班和对照班受欺凌者比率和欺凌者比率均没有显著差异（$x2=0.002$，$p>0.05$；$x2=0.001$，$p>0.05$）。经过干预，实验班受欺凌者比率由前测时的21.7%下降为10.9%，欺凌者比率由前测时的 10.9% 下降到 4.3%。实验班干预前后做差异性检验，受欺凌者发生率显著降低（$x2=5.063$，$P<0.05$）；欺凌者比率也显著降低（$x2=10.909$，$P<0.05$）。

表 1 数据结果显示，前测中实验班和对照班在受欺凌和欺凌程度上均无显著差异；表 2 数据结果显示实验班学生受欺凌程度在干预前后有显著性变化和欺凌程度虽然有降低，但未达到显著。

表 1　实验班对照班前测差异

行为程序	实验班前测	对照班前测	T
受欺凌程度	1.89±1.46	1.86±1.43	0.081
欺凌程度	1.45±1.02	1.46±1.05	−0.046

表 2　实验班前后测差异

行为程序	实验班前测	实验班后测	T
受欺凌程度	1.89±1.46	1.36±0.95	2.732 *
欺凌程度	1.45±1.02	1.17±0.64	−1.544

3. 欺凌 / 受欺凌者比率及程度进行干预后实验班对照班显著性检验

干预后实验班与对照班做差异性检验，受欺凌者比率实验班显著低于对照班（$x2=5.063$，$P<0.05$）；欺凌者比率有所下降，但未达到显著程度（$x2=2.871$，$P>0.05$）。

表 3 数据结果显示，后测中实验班受欺凌程度得分显著低于对照班，欺凌程度得分低于对照班，但差异不显著。这一结果显示对于受欺凌状况的干预取得了显著效果，对于欺凌者的干预效果虽也取得了较好的效果，但未达到显著程度。

表 3　实验班对照班后测差异

行为程序	实验班后测	对照班后测	T
受欺凌程度	1.32±0.94	1.84±1.46	−2.015 *
欺凌程度	1.17±0.64	1.48±0.97	−1.832

研究二

（一）测评工具及被试选择

本研究在总体上采用控制组前后测设计，随机选取二年级某班级，进行 Conners 儿童行为教师问卷测查，选取了高分组、低分组、中间组各 6 名学生，进行匹配后分为三组，每组 6 人，其中包括高中低分数各 2 人。不采取干预措施的一组为对照组，另外两组分别采用两种不同的干预措施，被称为实验 1 组和实验 2 组。实验组和对照组均进行前测和后测。Conners 儿童行为教师问卷，其信效度已经过广泛检验，能满足一般研究的需要。此外还进行了儿童社交焦虑量表、容纳他人量表、儿童孤独量表的施测作为干预的辅助性评估。儿童社交焦虑量表内部一致性信度为 0.76，两周重测信度为 0.67；容纳他人量表分半信度为 0.90；儿童孤独量表内部一致性信度为 0.90。

（二）干预方案

干预采用小组活动的方式进行，被试被告知每周进行一次小组游戏，游戏将持续十周的时间。实验 1 组进行故事游戏，实验 2 组进行沙盘游戏。

故事游戏与沙盘游戏，均采用游戏的方式进行，均包含大量的动作表达，非常适合低年龄段的学生。故事游戏小组活动以理解故事中人物的情绪为主线，一开始由干预者提供故事，逐渐到学生讲自己以往的故事、再到学生编故事、最后到学生讲当下刚刚发生的故事。团体中每个人对人物情绪的猜测以及对人物行为的理解都有不同，这些不同学生可以用语言表达，也可以用动作表达，也可以用绘画来表达。沙盘游戏小组活动由六个学生轮流选择沙具，放置在同一个沙盘里，轮流分享自己的感受（也可以选择不分享），沙盘游戏小组活动没有任何主题设定。

就欺凌与受欺凌现象而言，低年龄段的学生，他们力量比较小，发生冲突造成的外在伤害相对而言比较小；他们语言表达及理解的深刻性不足，更加依赖言语理解的班会活动难以实施；他们的攻击性行为所蕴含的信息更为丰富，可塑性更强，不适宜过早以欺凌与受欺凌来界定。故事游戏与沙盘游戏主要用来帮助学生在小组活动中进行自由的自我表达，在活动冲突中进行自发的自我调整。

（三）研究结果

1. 故事小组的不同表达

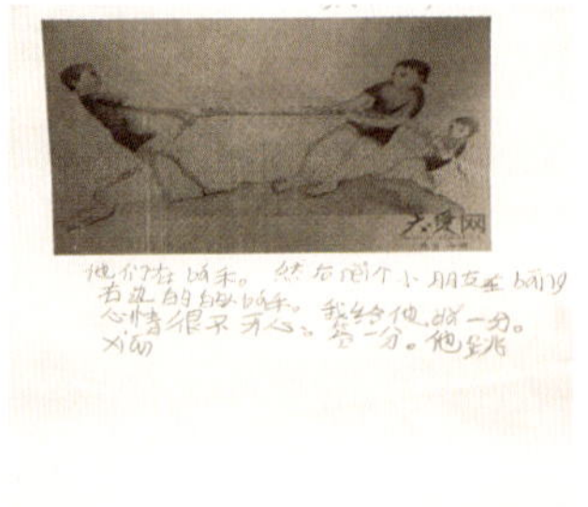

以上为同一位学生的作品

以上为同一位学生的作品

2．沙盘小组沙盘的变化

第一周

第七周

第十周

3. Conners 儿童行为教师量表前后测差异性检验

因为每个小组只有 6 人，并且数据分布形态不明确，并且三个小组之间比较的重要低于每个小组干预前后的比较，因此数据分析采用非参数量相关样本的检验。

表 4 数据结果显示，三个小组 Conners 儿童行为教师量表得分的前后测均无显著差异。

表 4　Conners 儿童行为教师量表符号秩和前后测差异

分组	前后测负秩和	前后测正秩和	Z
对照组	14	1	-1.761
故事组	5	5	0.000
沙盘组	6	9	-0.406

4. 儿童社交焦虑量表、容纳他人量表、孤独量表前后测差异性检验

表 5 数据结果显示，对照组在三个量表上均没有前后测差异；故事组在容纳他人量表上前后测有显著差异；沙盘组在社交焦虑、容纳他人量表上前后测均有显著差异。

表 5　Conners 儿童行为教师量表符号秩和前后测差异（Z 值）

分组	社交焦虑	容纳他人	孤独
对照组	-0.405	-0.944	-1.572
故事组	-0.137	-1.992 *	-0.531
沙盘组	-2.060 *	-2.201 *	-0.527

研究反思

（一）关于研究一

1. 干预效果的原因分析

研究结果显示，经过为期十周的干预，实验班受欺凌者比率和受欺凌程度均有大幅下降，实验班前后测比较以及与对照班比较均达到显著水平，欺凌者比率和欺凌程度都有大幅下降，但均未达到显著程度。可以看到干预起到了很好的效果，原因在于进行干预的一个基本指导思想是在改善外部环境的同时，建立学生间的互动情境，通过活动引发学生积极的同伴互动，借此完善他们的人格特征，较少欺凌行为的发生率。

研究中采取的一系列活动，创设了一种互相尊重、彼此接纳的情境和氛围，使学生在认知、情感、行为各方面均受到影响，进而促进其人格特征的改善，从而使欺凌干预达到较深层次。自信心训练、战胜羞怯、角色扮演、识别和控制情绪等活动，一方面可以改善受欺凌者的消极的自我概念、自卑、羞怯等人格特点，增强他们的社会悦纳性；另一方面可以增强欺凌者的移情能力、改变社会认知的偏差，获得恰当的自我评价。同伴支持策略的运用，在一定程度上影响了作为欺凌行为的追随者、旁观者的态度，在减少对欺凌者的社会支持的同时给予受欺凌者更多的社会支持。对于严重欺凌者进行心理辅导，不但能减少他们的欺凌行为，还能够对其内在心理困境给予支持。

总之，本研究既注重外部的监控和约束，更注重学生自主性的发挥和体验，兼顾内外影响因素进行多层次、有针对性的策略使干预取得了较好的效果。

2. 欺凌者与受欺凌者干预结果的差异

研究结果显示，经过为期十周的干预，就欺凌的发生率和欺凌程度而言，实验班与对照班进行差异性检验，受欺凌发生率和受欺凌程度得分显著低于对照班，但欺凌发生率与欺凌程度得分虽然低于对照班，但未达到显著程度。可以看到干预取得了较好的效果，相比较而言干预对受欺凌者的作用显著。这一方面可能是因为受欺凌者对欺凌行为的危害有着更深切的体验，对于干预活动有着更深入的参与，而对欺凌者而言，干预活动在一定程度上是对其行为的否认，其行为的改变在一定程度上是迫于外界的压力，因此效果并不是很显著。另一方面可能是因为研究中所采用的干预策略对受欺凌者效果较好。比如自卑是受欺凌者具有的人格倾向特点之一，而对于欺凌者而言，有自卑的特点，同时也具有一定的身体优势或盲目自信，因此自信心训练对于受欺凌者的效果可能会更好一些。

3. 有待解决的问题

首先，虽然对于欺凌行为的测评至少可以划分出欺凌者、受欺凌者、欺凌/受欺凌者三种身份的学生，但是干预中我们在班级全部成员参加的活动之外，尝试了对欺凌者和受欺凌者实施了一些有针对性的干预策略，而对于身兼欺凌者和受欺凌者双重身份的儿童没有给予过多关注。应该说这部分儿童在欺凌行为卷入者之中所占比例还是比较大的，但是由于时间和精力有限，干预中对这部分儿童的关注不够。

其次，本研究力争能对欺凌者和受欺凌者的某些消极人格倾向产生影响，以减少他们成为固定的欺凌、受欺凌角色的可能性，从而进一步减少欺凌行为的发生。但是，人格的改变不是可以一蹴而就的，它需要相当长时间的全方位的良性互动。我们实验研究的时间太短，要想保持干预的效果，还需要长期坚持全方位的良性互动。希望学校中能够将心理健康教育课程与具体外部环境的干预相结合，以达到长期有效减少欺凌行为的同时，促进儿童的身心健康发展。

（二）关于研究二

1. 干预效果的原因分析

研究结果显示，沙盘组在社交焦虑前后测、容纳他人前后测上均呈现了显著差异。在小组活动中，沙盘组没有任何主题设定，学生们自由轮流选择沙具放入沙盘，自由选择是否分享自己的感受，这样的活动本身就对孩子们的自我呈现有着很大的接纳度。六个孩子需要在同一个沙盘空间内表达，这样的形式就具有很高的同伴彼此接纳的潜在要求。活动最初，孩子们都是“各自为政”，似乎每个人内在都画出了一个属于自己的空间，在活动持续进行的过程中，孩子们不但开始呈现冲突，也开始解决冲突、进行合作。在沙盘游戏活动中，孩子们的内在发生着真实的碰撞与协调，而这一切几乎都在一个自发的状态里完成。

故事组有一些主题设定，也有更多的参与形式，孩子们讲故事、听故事、画故事、演故事，但所有的活动都围绕着一个主线，就是了解和表达自己的情绪以及观察和解读他人的情绪，故事在这里是作为情绪载体而存在的，同时故事里的人的情绪与行为的关系也很快能被孩子们识别出来。随着故事游戏活动持续进行，故事越来越贴近孩子们当下发生的事情，有时是活动前刚刚发生的，有时在活动现场发生的，孩子们慢慢可以在当场直接表达自己的情绪并被同伴所接纳。

2. 教师量表与儿童自评量表结果的不一致

研究结果显示，班主任教师填写的 Conners 儿童行为教师量表在三个小组都没有呈现出干预前后测差异，与上面的儿童自评量表呈现出了不一致。其原因可能有两个，第一个原因是孩子们的改变更多是在内在体验的层面上，这些内在感受外化为行为需要一个过程，教师的他评行为观察具有一定的滞后性。第二个原因是小组活动只有六个人，六个人是在干预者的陪伴下完成活动的。作为班级管理者的班主任身兼多种职责，既要照顾学生、又要讲授课程、还要管理课堂秩序。面对全班所有孩子，班主任老师的观察与陪伴难以覆盖到学生内在感受的所有细节之上。

3. 实际操作的困难性

虽然故事游戏和沙盘游戏活动都取得了比较好的干预效果，准确地说这里的干预恰恰是不去干预。我们期待孩子们在活动中有变化，但并不能确定孩子们在哪些方面，以怎样的方式发生改变，即使同处一个活动空间，每个个体的变化都具有其独特性。因此故事游戏和沙盘游戏对于干预者的要求比较高，干预者不但需要掌握基本的发展心理学知识，而且需要进行故事、沙盘、绘画等非语言形式的心理辅导知识。

此外，本研究为了考察活动带来的变化，选取了四种量表进行施测。除了教师量表由成人完成之外，其他三个量表均由学生自己完成。社交焦虑量表与孤独量表都是儿童量表，施测时研究者全程在场并解答一些必要的提问，但儿童对题目的理解不一致的情况可能会存在，这是需要予以考虑的一个影响。容纳他人量表没有特别指出它的适用年龄，本次研究尝试使用它，是因为故事游戏活动与沙盘游戏活动与接纳自己和接纳他人密切相关。

（三）关于整个研究

本研究难点在于：干预方案侧重点之间差异要足够清晰，确保自变量没有交叉。干预过程需要尽量控制无关变量，以确保变化是由干预方案引起。欺凌是具有污名效应，要有效保护学生隐私。应试教育背景下的核心问题是学习成绩，未发生严重暴力事件时，我们对此关注较少，因此需要取得学校、教师以及家长的支持。

整个研究过程中，研究者尽量克服以上所列出的难点，事实上研究得到了所选学校和班级的大力支持。系统地面对欺凌现象，可以使我们不仅能帮助到受欺凌者，也能帮助到欺凌者，在保护好学生隐私的前提下，对欺凌行为的干预非常必要。干预方案的设计以及两种小组活动的工作核心都是比较清晰的，实验结果的有效性也间接证明了这一点。

对整个研究而言，干预设计的深层理论基础是心理动力理论及中国传统文化思想，基于本研究的重点在干预而非理论探讨，所以这部分在这里没有展开。

四、针对校园欺凌现象的预防性干预建议

（一）系统性干预

欺凌行为本质上是儿童与其所处的“生态环境”——家庭、学校、社会环境交互作用的产物，是个体某种心理倾向与特定情境的“整合效应”。因此系统性干预模式是可取的。

导致欺凌行为发生的根源可能是多方面的：人类攻击的本能、社会文化背景、家庭教养方式、学校环境影响等。目前各国研究者对欺凌行为进行干预的最主要的途径是致力于建立良好的校园环境，这不仅是因为学校是欺凌行为发生的主要场所，而且还因为相对于广泛的社会和家庭影响而言，以学校为基础对欺凌行为进行干预比较容易一些。而学校层面的系统干预则包含了以下模型（图 1）中的家庭、班级与个体。

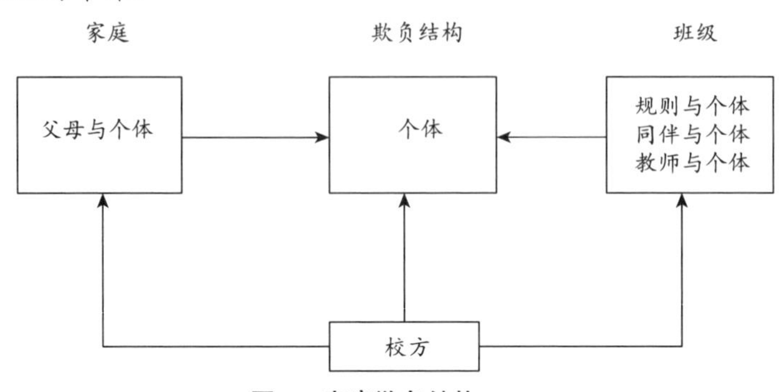

图 1　家庭欺负结构

（二）深入性干预

事实上欺凌的发生更可能是欺负者和被欺负者人格互动的结果，并且双方人格中某些消极倾向会在互动中得以加强，从而形成较固定的关系模式。尽管中小学生的人格尚待发展，但其已经形成的某些倾向性确实在欺凌事件的发生中发挥了重要的作用，构成欺负的“主体根源”。其中情绪稳定性、内向、自尊等因素的作用尤为突出。因而，培养儿童的健康心理对于减少欺凌行为具有重要意义。拥有保持情绪稳定性、正确评价自己、创建和谐人际关系、有效应对环境中的困难、维持正常的社会适应等能力，既是我们对校园欺凌行为进行干预的手段，也是干预希望达到的目标。专业有效的学校心理健康教育工作可以去支撑这些目标，研究一干预方案中的班会活动可以参考中小学团体活动设计的相关书籍，研究二干预中的小组活动可以参考沙盘游戏、绘画治疗、荣格心理分析等专业书籍。

（三）教师与家长的重视

教师和家长面对欺凌行为发生时应该注意以下一些事项。对于教师而言，在日常的教学工作中，经常会遇到学生之间发生的冲突与纠纷，其中有一些属于经常性的欺凌行为。作为教师，在处理此类欺凌事件时我们应该尽可能做到：

（1）冷静。遇到欺凌事件往往容易发火，但发火不仅不能解决问题，有时还会使问题更糟。所以老师首先要控制好自己的情绪，做到冷静、沉着。

（2）接纳。老师要认真倾听学生讲述欺凌事件的经过，对学生不是简单的训斥，而是要尊重、接纳。批评学生对事不对人，不要伤害学生自尊心。比如可以直接指出欺凌行为不对，但不要这样说："除了欺负别人你还会做什么"。

（3）引导。老师认真听事件经过，要避免学生岔开话题，要把学生引入事件中来，要引导欺凌者去体会受欺凌者的感受。

（4）对于学生表现出的任何积极行为要及时给予强化和鼓励。

（5）避免压服、体罚、威胁。因为这些行为本身含有欺凌的意味，使教师在制止欺凌行为的同时却成了欺凌行为的榜样，并且所威胁的内容事实上是做不到的，或者根本就没有打算做的，这样会使欺凌行为更加难以管理。

作为家长，我们都很希望自己的孩子能够身心健康地成长。如果孩子面临欺凌问题，无论是作为欺凌者还是被欺凌者，我们都应该在予以足够关注的基础上，运用适当的方式帮助自己的孩子。首先，在孩子遭遇欺凌事件时，冷静地倾听孩子的述说，了解事件发生的经过，无论自己的孩子在事件中处于什么角色，不要简单训斥，这样可能使受欺凌者因得不到支持或宣泄而保持沉默，也可能使欺凌者习得粗暴处理问题的方式。其次，根据自己孩子的个性特点，交给孩子一些处理类似事件的适当方法，使孩子面对不同性质冲突时可以较好地处理。最后，在孩子表现出任何积极行为时都要予以及时的强化和鼓励；减少孩子接触暴力电视和游戏的机会；创造和谐的家庭气氛等。

致谢

读万卷书，不如行万里路；行万里路，不如阅人无数。

对自我心灵世界的深度探索，是每个个体与生俱来的成长方向。因为职业与兴趣的缘故，我不仅需要深入自己的内在世界，也有幸阅览到更多人的内在世界。感恩那些向我敞开心扉的人们，感恩我们共享过一段心路历程，感受过潜沉中的生命力的本然样态，汲取过来自灵魂深处的滋养。

同样感恩我的亲人与朋友，在现实世界和心灵世界里，我们息息相关，脉脉相通。